澳门路环发电厂泵站电气系统工程设计与应用

珠江水利委员会珠江水利科学研究院
水利部珠江河口海岸工程技术研究中心
邢方亮　范光伟　王磊　陈俊　著

·北京·

内 容 简 介

本书从实际工程的角度出发，以澳门路环发电厂温排水泵站为案例，详细说明了基于IEC标准的电气系统工程的设计依据、设计概念、设计过程和验收标准，包括：泵站总体设计、高低压配电装置的选型及试验要求、配电线路的敷设与导线电缆的选择、特低压用电装置与电信设施及其布线、自动化监控系统、防雷与接地保护系统和泵站的运行调试与验收维护等。

本书内容理论与实践相结合，实用性较强，可供电气技术人员熟悉以IEC为基础的高低压配电设计，尽快适应新技术、新设计、新工艺的技术要求。本书内容遵循国内国际相关标准，可供国内、国外电气工程设计参考使用，也可供高低压电气装置的设计、安装、检验、监理、维护人员参考使用。

图书在版编目（CIP）数据

澳门路环发电厂泵站电气系统工程设计与应用 / 邢方亮等著. -- 北京 : 中国水利水电出版社, 2020.12
ISBN 978-7-5170-9299-5

Ⅰ. ①澳… Ⅱ. ①邢… Ⅲ. ①发电厂－泵站－电气系统－工程设计 Ⅳ. ①TM62

中国版本图书馆CIP数据核字(2020)第269279号

书　　名	**澳门路环发电厂泵站电气系统工程设计与应用** AOMEN LUHUAN FADIANCHANG BENGZHAN DIANQI XITONG GONGCHENG SHEJI YU YINGYONG
作　　者	邢方亮　范光伟　王　磊　陈　俊　著
出版发行	中国水利水电出版社 （北京市海淀区玉渊潭南路1号D座　100038） 网址：www.waterpub.com.cn E-mail：sales@waterpub.com.cn 电话：（010）68367658（营销中心）
经　　售	北京科水图书销售中心（零售） 电话：（010）88383994、63202643、68545874 全国各地新华书店和相关出版物销售网点
排　　版	中国水利水电出版社微机排版中心
印　　刷	清淞永业（天津）印刷有限公司
规　　格	184mm×260mm　16开本　13.25印张　204千字
版　　次	2020年12月第1版　2020年12月第1次印刷
定　　价	**98.00**元

前 言

随着经济全球化的持续发展以及我国科学技术发展水平的不断提高，承接的港澳地区以及国际的水利工程将越来越多，尤其是水利工程中的泵站建设。泵站建设具有投入大、涉及专业繁多、技术复杂、建设周期长等特点。因此，为了推动工程的顺利进行，我们对工程的设计与应用提出了更高的要求。

通常在设计中遵循国家强制性标准（GB）、电力行业标准（DL）或水利行业标准（SL），由于澳门一直是按照国际惯例进行工程设计，要求遵循国际标准（ISO）、国际电工标准（IEC）、电气电子工程师标准（IEEE）等。本书就以澳门电气系统工程为设计实例，运用国际的标准规范，处理好经济性与技术先进性之间的关系，提高我们的工程设计水平。 本书可供从事电气系统工程设计人员参考，是一本关于电气设备的选择和应用方面的指南。

本书以电气系统工程设计和技术应用为主线，阐述泵站电气系统工程的设计概念、工程设计方法和运行管理等内容。全书共分10章，内容包括绪论、电气系统设计依据、电气系统设计要求、水泵机组设备、供配电系统设备、特低压用电装置与电信设施及其布线、泵站自动化监控系统、泵站防雷与接地保护系统、运行调试及技术管理要求、整体安装验收标准及要求等。

本书第1章、第3章、第5章的5.1、5.2节和第7章由邢方亮编写，同时负责制定编写大纲及统稿工作；第2章、第4章和第5章的5.3～5.5节由范光伟编写；第5章的5.6～5.8节和第9章由王磊编写；第6章、第8章和第10章由陈俊编写。

本书在编写过程中，参考了相关的手册、专著和标准，在此向所有作者表示诚挚的谢意。由于编者的水平有限、经验不足，书中的缺点和错误在所难免，欢迎读者批评指正。

编者

2020年5月

目 录

第1章 绪 论

1.1 概述

1.1.1 项目背景

路环发电厂位于澳门路环岛东北部，电厂冷却水系统取排水布置在澳门国际机场跑道以西水域，路环、氹仔岛东侧浅湾水域（图1.1）。由于澳门氹仔、路环经济的快速发展，电力能源对当地的发展造成制约。在此情况下，澳门路环电厂规划在现有机组的基础上进行机组扩容，温排水流量将由现在的7.64m³/s（27504m³/h）增加到规划的18.2m³/s（65520m³/h）。

路环发电厂规划机组扩容，温排水流量显著增加，在电厂现有取排水布置下，热污染范围增大，也将影响现有发电厂取水口冷却水水源的水温。随着澳门机场以西水域治理规划的逐步实施，机场跑道以西水域势必形成三面成陆、南向开口的半封闭水域，水体交换能力降低，电厂周边水域取水温度升高，直接威胁规划扩容实施后的电厂冷却水水源保障，对电厂的正常运行造成影响。因此，若计划对机场跑道以西水域进行进一步开发，则必须先妥善解决好路环发电厂扩容冷却水水源工程问题。

为了确保今后路环发电厂规划扩容后取水口冷却水水源能够维持正常状况，解决发电厂温排水热污染问题，必须对上述问题做专题研究，并对扩容后冷却水水源保障方案提出初步的设计说明。为此，受澳门特别行政区政府港务局的委托，珠江水利委员会珠江水利科学研究院承担了“路环发电厂扩容温排水热污染问题专题研究及冷却水水源工程设计”工作，而

本书的主要内容是基于此次项目工作的电气技术方案。

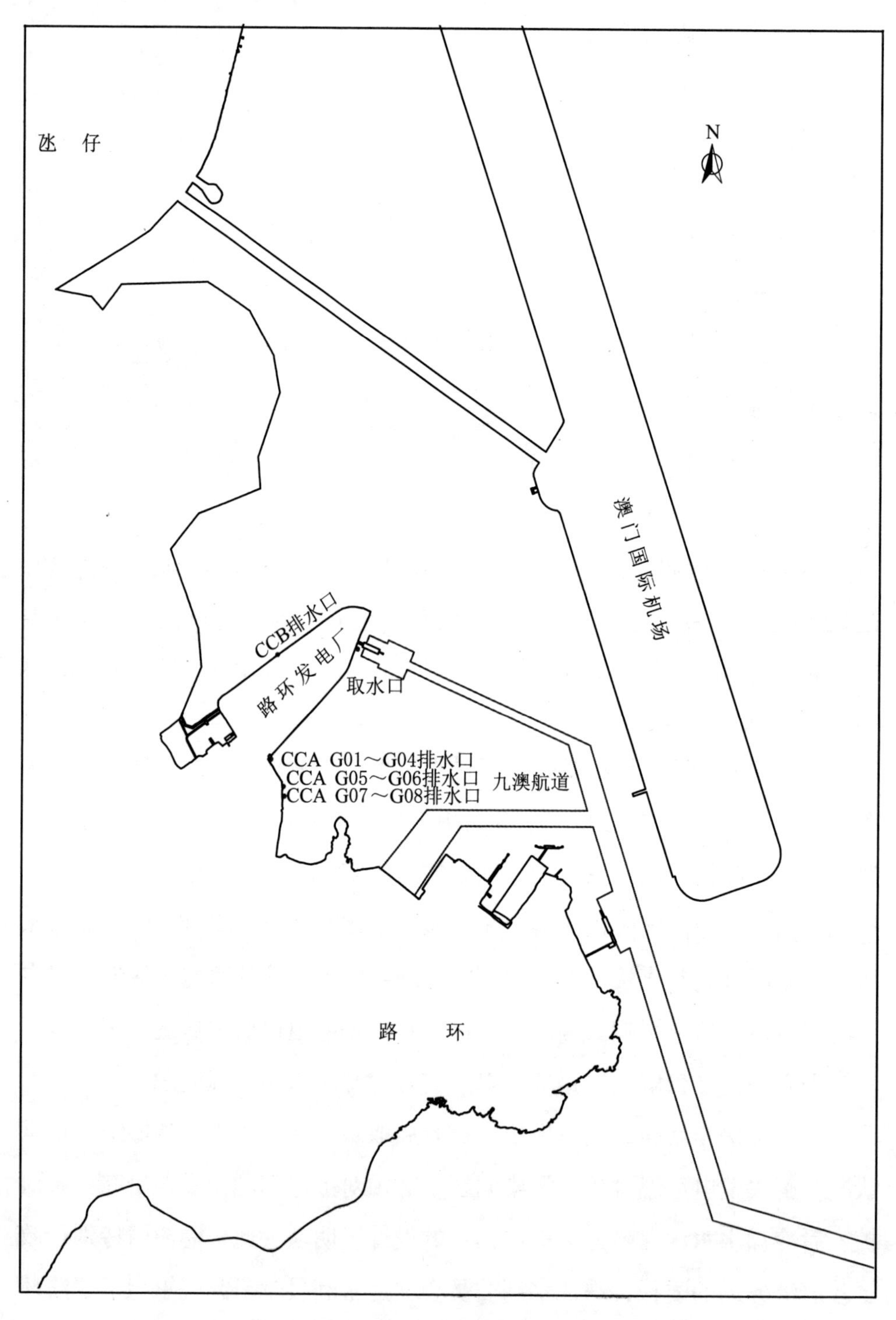

图1.1 路环发电厂现状取排水口位置示意图

1.1.2　项目内容

项目的主要内容是根据专题研究提出的电厂扩容冷却水重新布置推荐方案，结合周边环境、土地资源等条件，进行扩容后冷却水水源工程设计，包括建筑物设计（泵址选择、泵站总体布置等）、结构设计（温排水排放管线布置、管型选择等）、设备工艺（泵站装机规模、设备选型等）、环保与节能等方面。

本书的主要内容是关于路环发电厂泵站建造工程的电气系统技术方案，是设计工作的电气和自动化专业内容。

1.2　工程基本情况

1.2.1　工程位置与自然条件

路环发电厂位于澳门路环岛东北部，其取排水口布置于澳门国际机场以西浅海湾水域，该水域属澳门附近水域。

澳门附近水域西起洪湾水道的马骝洲，东至伶仃洋西侧浅水区，北起珠海市大九洲岛和石角咀水闸，南至横琴岛南面三洲岛，包括澳门水道、湾仔水道、十字门水道以及它们之间的汇流区，地理位置为东经113°30′42″～113°37′00″、北纬22°04′42″～22°15′00″。澳门水道西起澳氹大桥，东至澳门外港防波堤，长4.0km，宽2.5km，是该区泥沙主要的输运通道，南北两侧有大片浅滩，浅滩间的主槽水深4～6m。

1.2.2　电厂机组与取排水系统

路环发电厂目前包括路环发电A厂（以下简称CCA）和路环发电B厂（以下简称CCB）两厂。CCA共8台机组，1978年初建2台蒸汽轮机（G01/G02），目前已基本停止运行；1987—1988年间扩建2台K80MC型发电机（G03/G04），每台功率24MW；1991—1992年间扩建2台K80MC型发电机（G05/G06），每台功率38.4MW；1995—1996年扩建

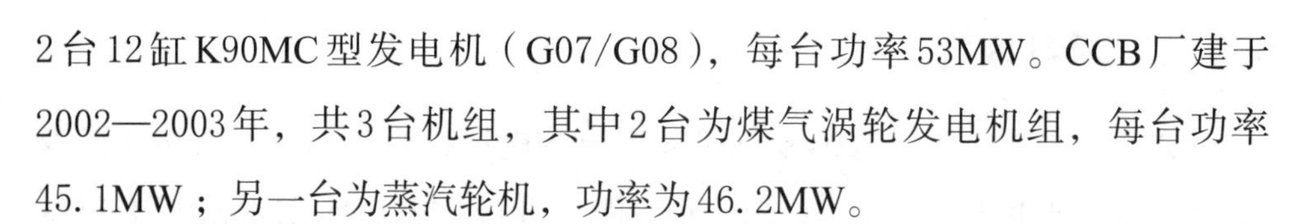

2台12缸K90MC型发电机（G07/G08），每台功率53MW。CCB厂建于2002—2003年，共3台机组，其中2台为煤气涡轮发电机组，每台功率45.1MW；另一台为蒸汽轮机，功率为46.2MW。

CCB的取水口位于电厂东南端，由九澳航道水域取水，CCA通过虹吸涵管由CCB取水口取水。电厂共有4个排水口，分别为CCA的G01～G04排水口、G05～G06排水口、G07～G08排水口及CCB排水口。设计排水温升为8℃，所有排水口均为近岸表面自由出流。

1.2.3　泵站选址

根据路环电厂周边环境和比选，冷却水水源工程泵站站址及配套管线布置如图1.2所示。

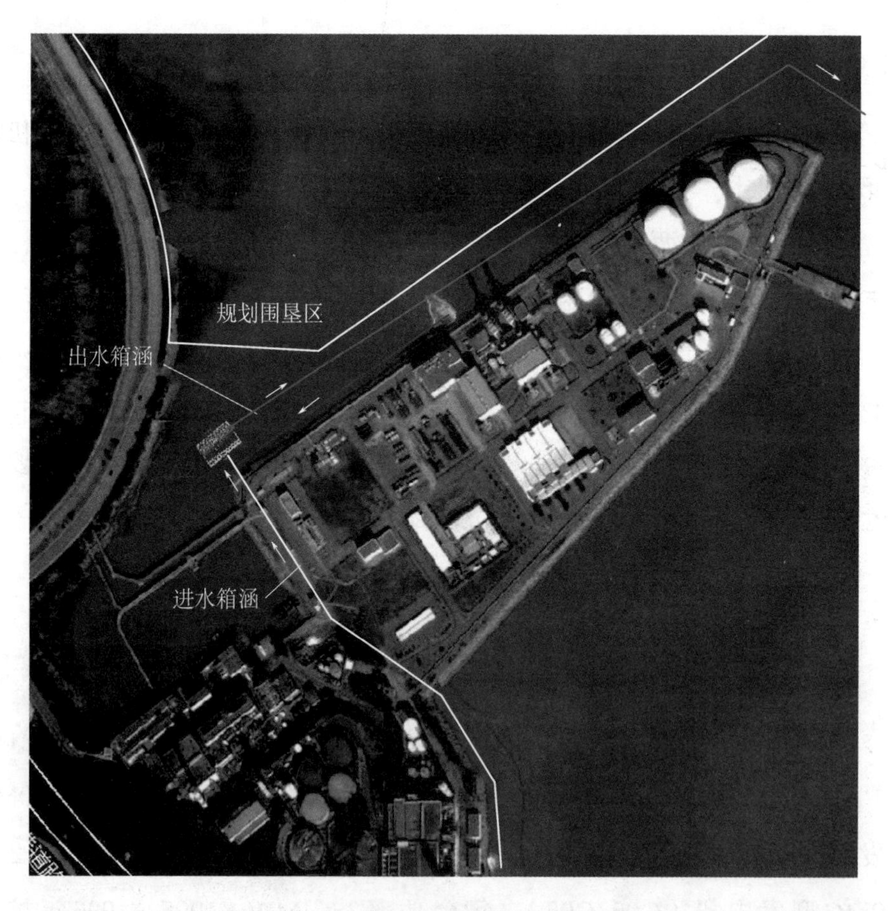

图1.2　泵站站址及配套管线布置图

1.3　泵站总体设计

1.3.1　设计流量

路环电厂现有的总冷却水管设计流量为27511m³/h，未来扩展CCB2和CCB3单元机组后，电厂总冷却需水量将为略小于65511m³/h的总水量。本工程设计考虑排水量除了未来电厂扩展后的需水量外，还有少量雨水汇集到泵站里，因此，泵站设计流量采用65511m³/h，即18.2m³/s。

1.3.2　特征水位及扬程

路环电厂为澳门非常重要的能源基地，其相应的排水加压泵站设计标准要比其他普通排水泵站高，根据国家标准《泵站设计规范》(GB 50265—2010)及澳门电力有限公司提供的CCB的穿过冷凝器的冷却水流的水力梯度线（图1.3），综合确定泵站进水池、出水池的特征水位。

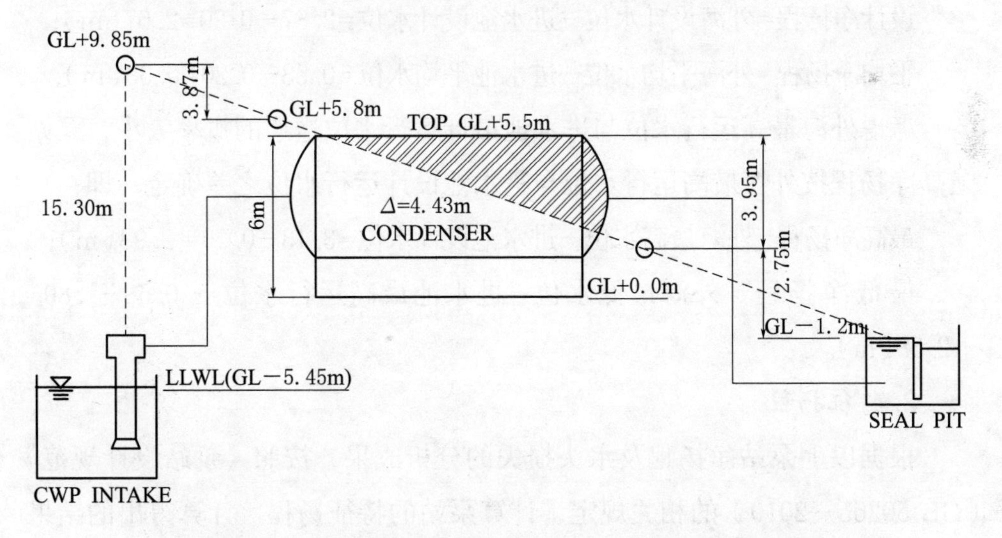

图1.3　CCB的穿过冷凝器的冷却水流的水力梯度线

1. 进水池特征水位

（1）最高控制水位：取电厂冷却水流排出外海最高控制水位。

（2）最高运行水位：取最高控制水位以下0.5m的水位。

（3）最低运行水位：根据水泵安装高程，取水泵允许最低水位以上0.5m的水位。

（4）设计运行水位：取最高、最低运行水位之间的水位。

（5）平均水位：取与设计运行水位相同的水位。

2. 出水池特征水位

（1）防潮水位：取外海200年一遇最高潮水位。

（2）最高运行水位：取外海100年一遇最高潮水位。

（3）最低运行水位：取外海多年平均低潮水位。

（4）设计运行水位：取外海50年一遇最高潮水位。

（5）平均水位：取外海多年平均高潮水位。

1.3.3 泵站特征扬程确定

1. 净扬程

根据以上特征水位的分析成果，按照《泵站设计规范》（GB 50265—2010）的相关规定，计算泵站的特征净扬程。计算得出的结果如下：

设计净扬程=外海设计水位−进水池设计水位=2.87−0.20=2.67（m）；

平均净扬程=外海平均水位−进水池平均水位=0.53−0.20=0.33（m）；

考虑外海最高运行水位与进水池最低运行水位遭遇的概率太小，泵站最高净扬程按外海最高运行水位与进水池设计运行水位之差确定，即：

最高净扬程=外海最高水位−进水池设计水位=3.13−0.20= 2.93（m）；

最低净扬程=外海最低水位−进水池最高运行水位=−0.58−1.80=−2.38（m）。

2. 特征扬程

根据以上泵站净扬程及水头损失的分析成果，按照《泵站设计规范》（GB 50265—2010）的相关规定，计算泵站的特征扬程。计算得出的结果如下：

设计扬程=设计净扬程+泵站总水头损失=2.67+6.96=9.63（m）；

平均扬程=平均净扬程+泵站总水头损失=0.33+6.96=7.29（m）；

最高扬程=最高净扬程+泵站总水头损失=2.93+6.96=9.89（m）；

最低扬程=最低净扬程+泵站总水头损失=−2.38+6.96=4.58(m)。

1.3.4 泵站总体布置

泵站总体布置综合考虑了进出水流条件、地形地质、施工围堰及场地布置等条件后，确定该工程对齐路环电厂西边转角进行围垦填海，泵站纵轴线垂直于路环电厂北边堤防，横轴线方向基本与路环电厂北边堤防线平行。进厂公路由泵站左侧进入，具体内容如图1.4所示。

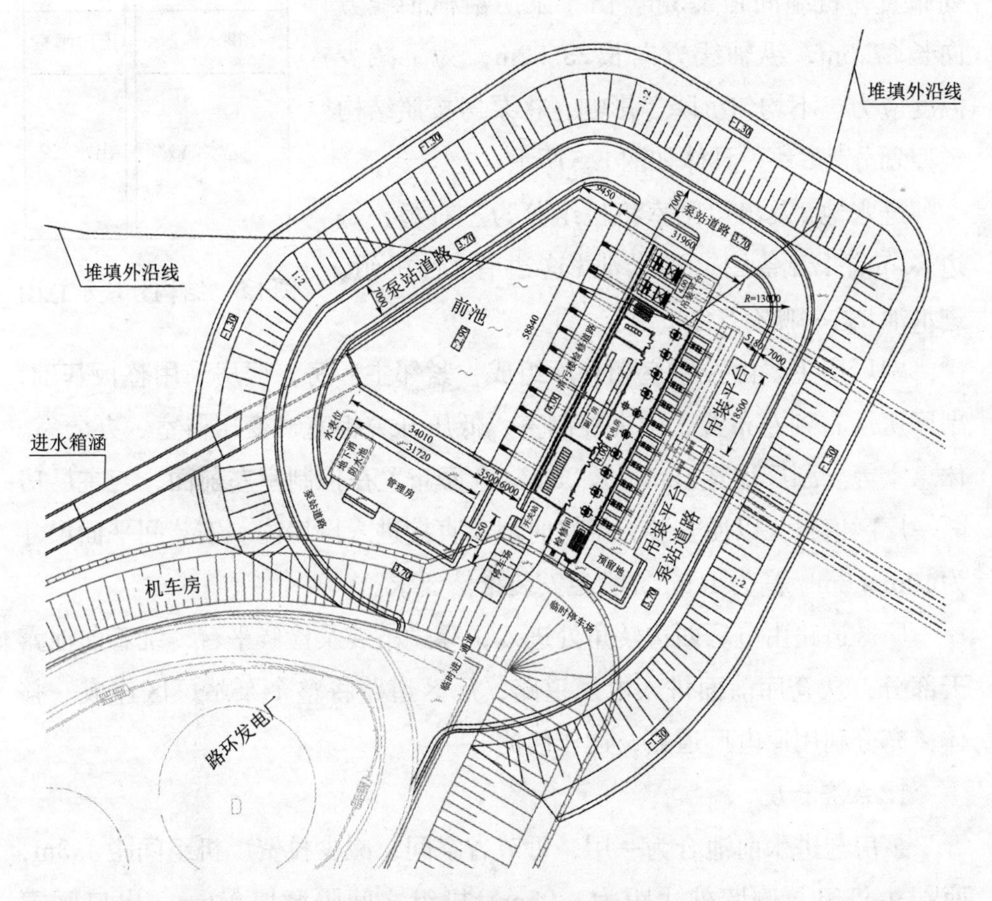

图1.4 泵站总平面布置图

为了尽可能保证建筑物各自的进出水流态良好，并从结构上易于处理、便于施工、节省投资出发，新建的泵站为一字形布置，这样可做到泵站各建筑物布置紧凑合理、运行安全、管理方便、美观协调。

泵站由原排水口连接段、前池、压力涵管、出水池、出口闸、检修

闸、控制室、仓库及其他附属建筑物组成，泵房沿横轴线方向长37.5m，纵轴线方向长23.82m。正向进水前池、压力涵箱和出口闸直线布置。泵房总填海海域长94m，宽37m。

1.3.5　泵站主要建筑物

泵房位于路环电厂西边转角靠北向，由主厂房、副厂房组成。主厂房内布置水泵机组，呈一列布置，机组间距3.3m。由于泵房沿横轴线方向长37.5m，纵轴线方向长23.82m，为了减少温度应力、不均匀沉降等影响，将泵房按照结构类型划分为6块，具体如图1.5所示。

进水池1	出水池1
进水池2	出口闸室
进水池3	出水池2

图1.5　结构分块示意图

进水池2及出口闸室将机组分为左右组，每边各布置1台备用，进水池1这边有4台机组，进水池3这一侧有6台机组。

副厂房主要由控制室和仓库组成，紧邻主厂房，厂房采用整板基础，副厂房从右到左布置了中央控制室、低压开关柜室、变压器室、办公室、休息室等。副厂房宽12m，长25m。仓库布置在控制室左前面，与主厂房隔一厂区道路，以便安装、维修时汽车直接进入厂房内。安装间平面尺寸为10m×6m，高为4.5m，满足安装维修要求。

厂区道路由电厂西边转角处进入，穿过吊装及检修平台，绕着前池露天部分，从仓库前面进入电厂道路，厂区道路将整个泵站厂区连成一整体，充分利用原电厂道路，运作便捷。

1. 泵房长度

泵房与进水前池合为一用，可节省空间，减少投资。机组间距3.3m，两端边机组与侧墙外边距为1.95m，机组之间隔墩厚0.6m，出口闸宽5.4m，加两侧边墙1.2m，据此布置，则主厂房总长度为37.5m。

副厂房控制室长度据设备布置及建筑物结构要求，故副厂房控制室长度为25m，仓库为10m。

2. 泵房宽度

根据主机设备尺寸、吊运、交通要求及汽车起重机的工作范围，确定

主厂房净宽13.82m，外加两侧边墙0.5m，故主厂房总宽为14.82m。

副厂房控制根据电器设备布置及建筑物结构要求，确定总宽为12m，为满足维修、吊装要求，仓库宽度为6m。

3. 主厂房立面高程

（1）水泵安装高程。根据机组安装要求，在站前最低运行水位时，水泵叶轮中心最小淹没深度不小于2m。根据结构布置，确定水泵叶轮中心高程为－3.40m，根据水泵安装要求，水泵底部到水池底部距离为0.6m，即进水前池底板面高程为－4.00m。

（2）吊装及检修层高程。泵站采用干式结构，电机层控制在进水前池的最高水位1.80m之上，为留有一定富裕度，电机层高程定为2.20m。

4. 进水池

进水池段长37.5m、宽14.82，为正向进水。进水池底板面高程为－4.00m。根据《泵站设计规范》（GB 50265—2010）的要求，进水池的水下容积按共用进水池的水泵30～50倍设计流量确定，且为了考虑操作时间差，现进水池容积大约为1990m^3，满足设计要求。该电排站总设计流量为18.2m^3/s，单机流量为2.6m^3/s。

5. 出水池

为了满足排水能力要求，结合外海特征水位及水头损失，最后确定出水池最高运行水位为8.28m，最低运行水位为4.57m，并考虑一定的富裕度，出水池高程定为8.33m，考虑水流平顺、检修方便、节省投资等原因，将地板高程定为1.85m，同时出水池与出水闸上部结构中部开口连通。

6. 出口闸

出口闸闸墩长8m，装设检修闸门及工作闸门，采用液压螺杆提升设备。闸孔净宽5.40m，边墩厚0.6m，闸室总宽8m；为减少闸门高度，设置胸墙，胸墙底高程为－1.5m。根据功能要求，充分利用结构，出口闸顶高程与出水池一致，并作为出水池的一部分。

7. 防洪堤

新填海域部分堤防高程必须保持与原堤防平顺搭接，且防洪高程一致。

第2章
电气系统设计依据

2.1 电气系统设计方法

2.1.1 概述

澳门路环发电厂位于澳门路环岛东北部，电厂冷却水系统取排水布置在澳门国际机场跑道以西水域，路环、氹仔岛东侧浅湾水域。由于城市的发展，除需整改路环电厂外的都市化规划之外，亦同时考虑在现有基础上予以扩大容量，至此温排水流量将由现时的7.64m^3/s（27504m^3/h）增加到规划后的18.20m^3/s（65520m^3/h）。

澳门路环发电厂温排水泵站是一项技术单一、无复杂性且只是作为配合路环发电厂日常运作市政设备的独立系统，没有设定何时停止运作期限，是一项非临时性工程。

2.1.2 设计方法

澳门路环发电厂温排水泵站的电气系统设计由公共责任交换点开始起计，即：

（1）高压配电柜的电源进线接入点。

（2）低压总开关柜的电源进线接入点。

（3）后备电力供电（后备发电机）的电源进线接入点。

澳门路环发电厂温排水泵站的电气系统设计（含工程图）将按照澳门本地通行法例（DL 229/76）指定的模式进行设计，主要内容包括有：

（1）泵站主要装置：水泵机组设备。

（2）供配电系统高低压设备的规格标准、性能表现要求、安装工艺标准和要求、调试标准及要求、验收标准和要求。

（3）厂房各项特低压SLEV、信息处理设备ITE及装置（LAN、TEL、CCTV）。

（4）泵站区域建筑物雷击防护。

（5）泵站计算机监控与视频监视系统。

2.2 法规及标准

2.2.1 电压定义

（1）按照澳门《电力分站、变压站及隔离分站安全规章》规定，交流电路相间电压在1000V或以下定义为“低压”，超过1000V定义“高压”。

（2）按照澳门供电部门规定0.4kV及以下称为低压、0.4kV至11kV之间称为中压。

（3）因此在该工程设计中所提及的“高压”“中压”及“低压”将确定为具有以下含义：

1）“高压”：超过交流1000V。

2）“中压”：标称电压高于0.4kV，小于或等于11kV。

3）“低压”：标称电压小于或等于400V。

2.2.2 设计标准

（1）澳门特别行政区适用的法律及法规。

《电力分站、变压站及隔离分站安全规章》（以下简称“RSSPTS”）（第26/2004号行政法规）

《澳门供电部门专营合约》（第43/91/M号法令）

《防火安全规章》（第24/95/M号法令）

《高压电力线路安全规程》（以下简称“RSLEAT”）（DR 1/92）

《低压配电网安全规程》（以下简称“RSRDEEBT”）（DR 90/84）

《电力设施安全条例》（以下简称“RSIUEE”）（DL 740/74）

（2）澳门特别行政区供电部门规定。

《客户变电站的土建设计与施工》

（3）国家标准。

《泵站设计规范》（GB 50265—2010）

《10kV及以下变电所设计规范》（GB 50053—2013）

《供配电系统设计规范》（GB 50052—2009）

《3～110kV高压配电装置设计规范》（GB 50060—2008）

《电力装置的继电保护和自动装置设计规范》（GB/T 50062—2008）

《电力装置的电气测量仪表装置设计规范》（GB/T 50063—2008）

（4）国际标准。

《超过1000V电气装置》（IEC 61936）

《建筑物低压电气装置》（IEC 60364）

《变速推动器VSD谐波限值》（IEEE 519、IEC 61000—2—4）

2.2.3　器材规格标准及安装标准

（1）除非另有指定，高压装置设备器材应符合《电力分站、变压站及隔离分站安全规章》（以下简称“RSSPTS”）第39条的规定。

（2）除非另有指定，低压装置设备器材应符合RSRDEEBT第26条或RSIUEE第103条的规定。

2.2.4　高压装置安装技术人员及操作人员资格标准

除非另有指定，安装技术人员及操作人员最少具有资格：

（1）应是经国家和地方有关部门考试合格，持电工作业进网许可证（高压）/特种作业操作证（高压等适用范围内的），并熟悉现场高压装置等设备的操作规程和程序。

（2）香港特别行政区政府行政部门“机电工程处EMSD”发出的有效“H－牌”牌照持有人。

2.2.5 高压装置建造过程执行监督及验收人员资格标准

除非另有指定，监督及验收人员至少应具备以下资格标准：2.2.4章节中所指持有有效牌照，超过2年的人员。

2.2.6 高压装置质量控制及验收标准

《电气装置安装工程 高压电器施工及验收规范》（GB 50147—2010）

《电气装置安装工程 电力变压器、油浸电抗器、互感器施工及验收规范》（GB 50148—2010）

《电气装置安装工程 母线装置施工及验收规范》（GB 50149—2010）

《电气装置安装工程 电气设备交接试验标准》（GB 50150—2016）

《电气装置安装工程 电缆线路施工及验收规范》（GB 50168—2018）

《电气装置安装工程 接地装置施工及验收规范》（GB 50169—2016）

《电气装置安装工程 旋转电机施工及验收规范》（GB 50170—2018）

《电气装置安装工程 盘、柜及二次回路接线施工及验收规范》（GB 50171—2012）

《建筑电气工程施工质量验收规范》（GB 50303—2015）

《电气装置安装工程质量检验及评定规程》（DL/T 5161.1～17—2018）

施工设计图纸

设备制造商技术说明书及技术资料

2.2.7 低压装置安装技术人员及操作人员资格标准

除非另有指定，安装技术人员及操作人员起码具有资格：

（1）持有国家“人力资源和社会保障部”发出的“三级电工/三级维修电工”或更高阶证照持有人。

（2）香港特别行政区政府行政部门“机电工程处EMSD”发出的有效“B－牌”或更高阶牌照持有人。

（3）珠江水利科学研究院准许的香港特别行政区政府行政部门“机电工程处EMSD”发出的有效“A－牌”或更高阶牌照的持有人。

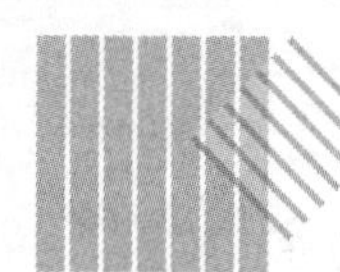

2.3　场所性质定义及外部影响标准

2.3.1　场所性质及分类

（1）按《防火安全规章》（第24/95/M号法令）分类：

1）使用组：VI－C（工业用途建筑物）。

2）高度：P级。

（2）按《核准电力分站、变压站及隔离分站安全规章》（第26/2004号行政法规）分类：

1）高压设施。

2）高压开关站。

（3）按《Regulamento de Seguranca de Linhas Electricas de Alta Tensao》DR 1/92：建筑物内高压线路。

（4）按IEC 61936标准：AC 1000V以上高压装置。

（5）按IEC 60364标准：建筑物低压电气装置。

2.3.2　场所按照外部影响标准分类

按照IEC 60721“外部影响”定义：

（1）泵房－电机层：AA4、AB4、AD2、AE6、AF4、AG1、AH2、AL2、AM3、AM5、AN1、AP3、AQ1、BC3、BD1、BE2、BE3、BE4、CA1、CB1。

（2）泵房－水泵层：AA4、AB4、AD2、AE6、AF4、AG2、AH3、AL2、AM1、AN1、AP3、AQ1、BC2、BD1、BE2、BE3、BE4、CA1、CB1。

（3）管理房：AA4、AB4、AD2、AE6、AF4、AG1、AH1、AL2、AM5、AN1、AP3、AQ1、BC1、BD1、BE2、BE3、BE4、CA1、CB1。

（4）外场：AA4、AB4、AD6、AD7、AE6、AF4、AG1、AH2、AK2、AL2、AM3、AM8—2、AN3、AP3、AQ3、AS3、BA1 BB2、BC2、BD1、BE1、CA1、CB1。

第3章 电气系统设计要求

3.1 设计概念

3.1.1 满足条件

（1）水利设计方面确定了该泵站使用8台功率280kW、2台功率180kW鼠笼式异步电动机带动的水泵机组，以变速推动器VSD推动，能够就地或遥距监控运行。

（2）基于用电量、功率及设备的电气特性，澳门特区供电部门建议使用接驳到公共配电网的高压（MV）进线供电给泵站内的主要设备或使用接驳到公共配电网的低压（LV）进线供电给泵站内的所有低压设备。

3.1.2 电力需求

（1）所有高压（MV）用电设施。本工程共10台6kV水泵电动机，其中8台280kW的电动机，2台180kW的电动机，最大运行方式为7台水泵电动机（6台280kW，1台180kW）采用变速推动器VSD启动及同时工作。

180kW变速推动器VSD的输入功率=(电动机的输入功率/变速推动器VSD的效率)/变速推动器VSD的功率因子=(197/0.97)/0.95=214(kVA)，其中电动机的输入功率=电动机的轴功率/电动机效率=180/0.915=197(kW)。

280kW变速推动器VSD的输入功率=(电动机的输入功率/变速

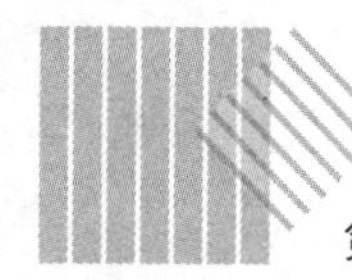

推动器VSD的效率）/变速推动器VSD的功率因子=（304/0.97）/0.95=330kVA，其中电动机的输入功率=电动机的轴功率/电动机效率=280/0.92=304kW。

因此所负荷的高压用电设备总功率$S_{inst}=8\times330+2\times214=3068$（kVA），通过设置特定的LCU（PLC）编程控制以及硬件联锁等方式，任何情况下只会有7台水泵电动机连接到电力主回路上，其最大组合同时功率为$S_{sim}=6\times330+1\times214=2194$（kVA），总用电量为11kV/2194kVA。

（2）所有低压（LV）用电设施。低压用电设备安装总功率（S_{inst}=283.6kVA），其总同时功率需求亦是供电契约容量需求为（S_{sim}=237.9kVA）。按照供电部分电表功率容量级别，申请一个三相四线，230/400V，功率为270kVA（3×400A）的千瓦时计量仪表。

3.1.3　可获得的电力供应

本工程装置需要有两条MV进线、一条LV进线及一条后备LV发电机进线在各电气系统责任转换点处接入本装置。

3.1.4　可靠性评估

为澳门路环发电厂温排水泵站能够安全稳定地运行，工程设施营运部门方面必须首先确保获得上述各种电源的供电可靠性及持续性。

（1）运行可靠性。泵站正常营运是需要同时得到公共电网MV线路供电及公共电网LV线路供电。当公共电网LV线路缺电时，除包括一般照明、一般空气调节设备、检修设备等的非重要用电设备之外，其他所有低压用电设备将由设计要求的LV后备发电机供电。

（2）营运可靠性。高压配电及保护、变频推动器及自动控制是互相关联的部分，为避免安装与调试过程及将来营运期会有可能发生的责任归属而影响营运的情况，因此在无其他更佳方法的条件下，技术上要求高压配电装置及其继电保护的供应安装与设定、水泵机组及其变速推动器协调及

供应安装、LCU（PLC）的供应安装与营运操作控制编程应是同一牌子的设备制造商独立承办，并且需全部配合水泵机组设备的电气及机械特性的所有要求。

3.2 材料、设备、工艺及质量的一般要求

3.2.1 可获得的供电电压

当地供电部门将供应230/400V、11000V（电压误差为+5%/－10%）及50Hz（频率误差为±2%）电压的电力。

3.2.2 电气材料及设备的使用环境

电气材料及设备应符合其布置场所的外部影响及能够使用于当地以下地理环境条件：

（1）气候条件：澳门（热带）。

（2）气温：（连续4h）峰值为－5～40℃、（超过24h）平均为0～35℃。

（3）高度：海平面20m以下的海边。

（4）相对湿度：最高为99%。

（5）地震烈度：7度。

3.2.3 设备的选择

（1）承建商必须按照说明书、工程图则及材料数量清单的规定选择设备。当一个组合装置涉及电气装置部分时，其操作特性及性能表现要求必须配合所给定的安全性、可靠性、效率性及经济性方面的要求。

（2）在任何时候，材料及设备都需要遵从当地政府可能制订有法律法规性的“节能指引”之类的或其他的与建筑物电气装置安装及安全有关的指引性文件的规定。

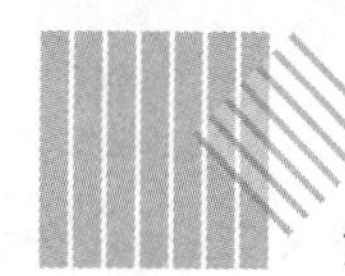

3.2.4　材料和设备目录及制造商制订的规格

（1）所拟定供应的材料和设备目录及“制造商制订之规格 manufactures specification”，应该以中文、中葡文或中英文行文，具体向技术监督部门清楚说明所有必需的数据及其应遵从的说明书及图则等；除非事前获得技术监督部门同意，“一般性质的数据及销售目录 Data & Sales Catalogue of a general nature”将不被接受。

（2）在订购设备之前必须向技术监督部门提交设备目录及制造商制订之规格以作分析检验及批准。

3.2.5　安装工艺

（1）工程人员。电气设备安装必须由前述所指的受过指定训练及/或具指定资格的人士担任。所有设备安装人员应具有良好的工作经验并了解澳门的工作环境。

（2）工具及仪器。电气设备安装应利用适合的工具，且按照有关规格及安全规章，并使用适合及精准的测试或量度仪表演示电气安装中的各种测量。

（3）工程现场安全。电气设备安装人员必须遵守国家及当地制定的有关安全施工的各种规范、法例及指引或须持有当地政府发出合适的“安全上岗”等的各类证件或执照。

承建商必须按照IEC 60364—704及IEC 60364—706规定内的原则及方式设置有关施工现场的临时供电装置，以确保包括电气设备安装人员的安全。若由于不适当的设置而导致任何危及安装人员安全的话，承建商必须承担所有责任。

（4）标贴及铭牌。应以中葡文或中英文刻铸工程设施营运部门同意的文字说明。

1）标签牌的物料。应按照要求以白色胶片或不锈钢片刻上黑色或红

色字体。当安装连同有标签牌的工厂制造设备时，若技术监督部门同意的话则可代替所述的白色胶片或不锈钢片。

2）标签牌的安装。采用螺丝永久性安装。

3）警告语句。需按照国家规范、当地法律及安全规章及权限部门制定的内容、文字及尺寸，以中葡文或中英文设立警告字牌。

（5）活动及旋转设备的护板以及栏栅。若适用的话，护板应是坚固及实质性的构件、重料软角铁框、有铰及门闩连同角铁框的重料镀锌钢线卷曲弹网模式或至少1.2mm厚的镀锌金属板材。所有危险部分的孔隙尺寸是手指不能伸入的。所有段落部件与段落部件应是使用螺栓或铆钉连合在一起。栏栅应是以32mm直径的镀锌软钢管及其他配件组成。

（6）作稳固用途的螺丝及螺栓。六角螺栓、螺丝及丝母应符合BS EN 24016、BS EN 24018及BS EN 24034的要求。除非另有指定，平头本牙螺丝应符合BS 1210的要求。螺丝及丝母须为非铁质材料。穿螺栓、螺丝的孔口须以钻孔或机冲成形，并且清理掉不再需要的螺栓、螺丝等。同时，禁止使用具有爆炸力的安装工具。

（7）金属件髹漆及其工艺。应在工程展开之前获得技术监督部门同意有关漆油的类型、牌子及颜色，另外底漆及面漆应是互相匹配类型。

（8）防水。当工程安装需要刺穿防水层包括防水结构时，须按照技术监督部门同意的方法进行。

（9）跨越伸缩缝。当电气设备的喉管、槽管道、托盘及电缆等需要跨越建筑结构伸缩缝时，则喉管、槽管道及托盘必须采取在不减低机械强度下卸去可能由于位移产生的拉伸应力的措施，并且必须确保具有导电性的喉管、槽管道、线梯及托盘能够维持稳定的电气连续性。

跨越建筑结构伸缩缝的电路的保护导体的截面面积尺寸不得小于同一电路相线导体的尺寸。

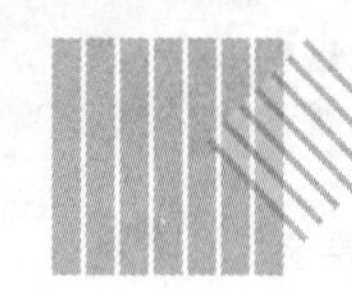

3.3　其他要求

3.3.1　图则

（1）图则尺寸。承建商提交的图则尺寸应是按照ISO 5457标准的A0～A3尺寸。而竣工图则应只是A0～A2尺寸。

（2）安装施工图则。应是能够展示工程的结构、尺寸、重量、布置、操作空间、性能特征及其他工程参与安装的部分。

（3）竣工图则。应能展示喉管、电缆、开关柜、配电箱、灯具、接地系统及避雷系统，及所有其他已安装妥当的装置。竣工图应是以各种打印纸张、可用于复制之副本、U盘及计算机光盘形式提交。

（4）工程施工期间提交的图则。承建商在中标后，须向技术监督部门提交一份综合的工程图则及日程进度计划，包括所有项目的施工图则。当图则获得核准之前，所有器材不得送入地盘及不得开展任何工程。承建商应保证按照工程图则及日程进度计划所同意的内容，主动地提交施工图则。

除非另有指定，承建商应最少提交6套认可的工程图则给澳门技术监督部门。

3.3.2　技术资料

（1）招标阶段提交的技术资料。承建商应在其投标文件中一并提交3套下述内容的副本：

1）详尽描述拟提供的所有材料及设备的技术数据。这些技术数据应能展示足够的细节，诸如结构、构造、尺寸、安装方法、重量、电路示意图及材料等，以供评估投标之用。

2）亮度分布图及与其有关的灯管或灯具的数据。其中应包括灯管的亮度输出、灯具的极化曲线、向上光照与向下光照强度比值、流明度、灯具的光照分级及镇流控制器损耗等。

（2）提交操作及保养手册。一旦工程完成后，承建商应向技术监督部门提交最少包括有以中文撰写的操作及保养手册，连同施工合约期间内的所有修改文本。

（3）样品。承建商展开工程之前应向技术监督部门提交样品板，包括电缆、喉管、线槽、托盘、插头等以供审议。样品应标上承建商名称、项目合约名称及连同设备制造商名称的样品清单。已核准的样品应于整个合约期间内展示于工程项目部地盘办事处。

承建商亦应提供足够的样品作测试用途。

3.3.3 承建商

（1）安装指导及操作培训。

承建商必须负责提供以下事项：

1）培训工程设施营运部门的操作人员正确使用高压开关设备。

2）培训工程设施营运部门的操作人员正确使用高压变速推动器。

3）培训工程设施营运部门的维修人员正确鉴别高压设备故障、排除故障及有效预防故障的方法。

4）培训工程设施营运部门的维修人员正确鉴别高压变速推动器故障、排除故障及有效预防故障的方法。

5）讲解“微机基础的保护继电器”的原理及功能。

6）培训工程设施营运部门的操作人员掌握“微机基础保护继电器”的编程及优化。

7）培训工程设施营运部门的操作人员掌握“泵站自动化系统”的操作、软件编程及优化。

8）证明受培训的各种证照费用。

9）提供受培训人员出外签证担保及费用、旅费、食宿费、交通费、通信费、行程保险等必需费用。

（2）运行保障、后备零件供应及现场技术支持。

承建商必须负责提供以下事项：

1）在调试期内免费提供常用易损件。

2）在保养期内免费更换正常操作情况下出故障的器件。

3）在保养期内免费提供设备的维修服务。

4）在澳门特区内设驻24h当值的适当技术人员、备有可能常用的后备配件器材、备有适当精准仪器及工具，及适当交通工具的办事处。

5）要备有全天24h能够联通的电话器材。

（3）提交测试程序及时间表。

工程完成后，验收之前承建商应向技术监督部门提交符合规定的能展示适当测试程序的时间表。执行此测试及交托检验之前应先得到技术监督部门同意此时间表。

（4）保养期内的要求。

在保养期内，承建商应免费为工程设施营运部门处理所有故障及投诉、补救所有的缺陷、更换所有发生故障的器件、优化运行操作软件，且保持着让工程设施营运部门满意的清洁及整齐的使用环境。

在保养期内，若有紧急召唤，承建商应在3h之内抵达工程现场进行维护及修理，并在24h之内整理所有导致故障的问题。

（5）编制一份日常保养项目列表及日志。

工程在竣工验收之后，承建商应备有一份在其保养期内负责的起码包括有以下项目的日常保养项目列表及日志：

1）按照国家规范及RSSPTS规定进行的电力接地系统检测项目及日期。

2）按照国家规范及RSSPTS规定进行的装置绝缘检测项目及日期。

3）按照国家规范及《建筑物的雷电防护》（IEC 61024）规定进行的避电系统检测项目及日期。

4）按照国家规范及《旋转电机》（IEC 60034）规定进行的电动机装置检测项目及日期。

5）安全照明系统的检测项目及日期。

6）其他需要定期检查的电气装置。

（6）编制一份保养期过后的小修、大修的项目清单及时间表。

在保养期完结前一年内，承建商必须给技术监督部门编制及提交一份

其保养期过后泵站所有装置的小修、大修的项目清单及时间表，以及认为有需要优化或整顿运行操作软件的项目内容及为此需要备有的备用设备、零部件、附件、仪器、工具等等所需要的器材列表；承建商有义务在现存设施规模之内，向工程设施营运部门提出能够确保泵站运行质量安全性、可靠性及经济性等任何方面的建议。

第4章 水泵机组设备

4.1 高压电动机

4.1.1 一般规定

该工程包括8台280kW高压抽水泵组（其中有2台备用）、2台180kW高压抽水泵组（其中有1台备用）。可以从集中自动控制室中启停抽水泵，高压抽水泵为电动调速型，调速设备为变速推动器VSD，并与电动机安装在同一公用底板上，一台高压抽水泵用一台变速推动器VSD，高压抽水泵电机应满足变频变速的要求。所提供的设备是全新的，保证质量可靠、技术先进、效率高，而且是定型的、成熟的原装进口产品。除特别说明外，所有设备在30年的寿命期内可安全、连续和有效运行，大修间隔时间不小于6年。

（1）电动机形式应是能够使用于已定义外部影响环境条件下的要求，如防潮湿、多灰尘等，室外电动机应能防晒、防水、防潮、防冻。电动机的外露部分应以防腐蚀油漆保护，铁芯硅钢片及其他内部部件应有充分的防蚀措施。电动机的外壳防护等级为IP55以上。

（2）承建商所提供的高压抽水泵电机应适合于变速推动器VSD调速运行（不发生低频共振和过热等），并提供不同转速下电机电流、泵的出口压力、流量的曲线。它的型式应符合所传动机械的性能要求，电动机的防护型式应考虑到已定义的外部影响作用环境对电动机的影响，避免灰尘、水汽及腐蚀气体对绝缘造成的损坏，电动机的外露部分应以防腐油漆保护，铁芯硅钢片及其他内部部件应有充分的防蚀措施。

（3）对振动要求，承建商向技术监督部门提供预防振动措施的技术要求和减振装置或附件，以维持电动机在允许的振动范围以内，振动的幅度不超过ISO标准的有关规定。

（4）电动机定子绕组接线为Y接线，在接线盒内将标明电动机的相序，旋转方向标记在端盖上，箭头直接指向旋转方向，假如不专门指定旋转方向，则按旋转方向为U、V、W顺序标明在电动机上。

（5）变速推动器VSD和电动机两者之间的接口设计要求由电动机供方统一协调，例如变压器输出电压变化范围及频率对整定点的变化范围是变速推动器VSD性能所确定的。同时，电动机在上述条件下必须满足其额定出力和相应整定点出力的要求，供方必须对此提出详细的设计文件和技术说明。

4.1.2 技术要求

所有电动机必须符合IEC 60034的适用规定，并满足以下要求：

（1）电动机的绝缘等级为F级，以B级温升检视。绝缘要能承受周围环境影响，所有能满足现场环境的电动机的使用寿命应不小于30年。

（2）电动机的额定容量，应大于拖动设备轴功率的115%，且应考虑电动机运行系数应为1.1。

（3）对噪声要求，在设备外壳1.5m外的最大噪声水平应不超过85dB。

（4）电动机的堵转电流应是经完善的技术经济比较而确定，使得具有最低设计值。除特殊要求外，在额定电压下，电动机的堵转电流对额定电流之比的应保证值不超过6倍。在额定电压下，200kW以下电动机的最大起动电流倍数不应大于6.5。

（5）在额定电压下，最大转矩对额定转矩之比为1.6。在额定电压下，对于200kW以下电动机最大转矩对额定转矩之比不小于1.8。

（6）电动机应能承受从正常工作电源快速切换和慢速切换到另一个电源时施加在电动机上的扭矩和电压引起的应力。

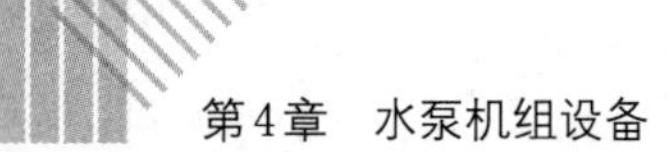

（7）在额定功率、电压频率时，功率因子的保证值在0.68以上，效率的保证值起码在93%以上。

（8）处于备用的鼠笼式电动机有能力在冷态下起动不少于3次，每次的起动周期不小于5min，热态起动不少于2次，如果起动时间不超过2～3s，电动机应能多次起动。

（9）在额定电压下，电动机的堵转转矩应符合电动机的有关标准。

（10）在额定电压下，电动机启动过程中最低转矩的保证值应不低于0.5倍堵转转矩的保证值。

（11）承建商应提供内部引线与外部电缆连接的接线盒。

（12）电动机的破坏扭矩不小于满载扭矩的180%，电动机的起动转矩由承建商根据机械特性商定。

MV电动机的技术数据：

（1）280kW电动机性能参数。

1）电动机：立式交流鼠笼式异步适用于变压变频驱动电动机。

2）工作方式：连续运行S1。

3）额定功率：≥280kW（与水泵匹配）。

4）数量：8台。

5）电压：与变速推动器VSD相适应。

6）电压波动范围：与变速推动器VSD相适应。

7）频率：与变速推动器VSD相适应。

8）频率波动范围：与变速推动器VSD相适应。

9）极数：12极（转速与水泵匹配）。

10）启动方式：变频变压启动。

11）绝缘等级/考核温升：F/B。

12）功率因子：≥0.68（额定功率下）。

13）效率：≥92.0%（额定功率下）。

14）冷却方式：IC 611内置风扇冷却（带排风口以便机械排风）。

15）环境最高温度：40℃。

16）防护等级：≥IP 55。

17）安装方式：立式。

（2）180kW电动机性能参数。

1）电动机：立式交流鼠笼式异步适用于变压变频驱动电动机。

2）工作方式：连续运行S1。

3）额定功率：≥180kW（与水泵匹配）。

4）数量：2台。

5）电压：与变速推动器VSD相适应。

6）电压波动范围：与变速推动器VSD相适应。

7）频率：与变速推动器VSD相适应。

8）频率波动范围：与变速推动器VSD相适应。

9）极数：10极（转速与水泵匹配）。

10）启动方式：变频变压启动。

11）绝缘等级/考核温升：F/B。

12）功率因子：≥0.68（额定功率下）。

13）效率：≥91.5%（额定功率下）。

14）冷却方式：IC 611内置风扇冷却（带排风口以便机械排风）。

15）环境最高温度：40℃。

16）防护等级：≥IP 55。

17）安装方式：立式。

4.2 辅助设备

（1）高压－电动机辅助设备。每台电动机应有电动机机座的接地装置，大于40kW电机在电动机完全相反的两侧接地，对于立式电动机，一个接地装置设在电缆接线盒下面，另一个接地装置设在第一个接地装置其反方向180°位置上。并应具有指示接地的明显标志，此标志应保证在电

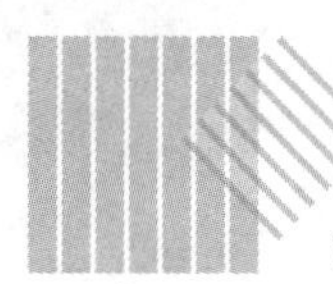

动机使用期间不易脱落及磨掉。每台电动机的接地端子都有足够的面积。

电动机的出线端子盒应按功能独立装设，包括主出线端子盒、空间加热器出线端子盒、电机线圈温度探测器（RTD）或金属热电偶出线端子盒等。

电动机应提供防结露加热器，用交流电230V。

（2）定子和转子。定子包括定子机座、铁芯和绕组等主要部件。定子铁芯应采用高磁导率、低损耗、无时效的优质冷轧硅钢片叠压而成。每片硅钢片应无毛刺，两面涂F级绝缘材料以减低涡流损失。定子绕组采用星形连接，绕组绝缘符合IEC 60034标准中规定的F级绝缘要求。绝缘应用真空压力法成形工艺的热固性F级绝缘。定子铁芯槽底应埋设6个（RTD）电阻型检温计。定子线棒应有良好的防电晕和耐电腐蚀能力，槽部和端部应采取防电晕措施。整机耐压时，槽部和端部在1.1倍的额定电压下不起晕。

转子应具有结构合理、紧凑的特点，有良好的电磁和通风性能。转子由转子支架、磁轭和磁极等部件组成。整个转子的设计和制造应能安全承受最大转速历时2min而不产生任何有害变形及接头开焊等情况。此时，转子材料的计算应力不超过屈服应力的2/3。磁极绕组应采用符合IEC 60034标准的F级绝缘。磁极线圈、绝缘托板、极身绝缘采用整体一次热压成型工艺制造，并保证在飞逸时不产生有害变形。线圈间的极间连接应非常可靠，并便于检修拆卸。转子所有焊接部分以及磁极与磁轭之间的固定螺栓应采用100%无损探伤，探伤方法由承建商批准。

（3）轴承和轴承座。电动机轴承结构应密封，防止润滑油滴入绕组，该工程采用立式电动机由厂家推荐轴承。采用滑动轴承的电动机应具有容易拆卸的轴承、轴承箱、端罩或底座，以便检查和更换轴承时不需要拆开电动机或拆卸电动机的部分联轴器，在不拆卸轴承箱的情况下可用气隙测量仪检查滑动轴承磨损。

电动机配套的耐磨轴承将标明在电动机的铭牌上，承建商将提供经过

运行证明的先进、优良的轴承设计，这些轴承的最低使用寿命为15万小时，滚动轴承的最低使用寿命为5万小时。

电动机轴承含有测温组件。

4.3　供货范围及试验要求

4.3.1　供货范围

承建商应提供满足本工程要求所必需的全套设备及各项服务，包括电动机、电动机运行控制装置、自动化组件、表计、设备内部连接管路、管路附件、控制电缆以及设备的基础安装配件、风冷系统等。

（1）电动机本体包括定子、转子、轴承、自动电加热、冷却风机等。

（2）联轴器。

（3）接线盒等。

承建商提供电动机及其附属设备的测温系统中所有的自动化组件和设备，控制电路供应至相应的端子箱内。

电动机及附属设备的安装盒现场试验均在供货方的技术指导和监督下，由技术监督部门选定的承建商安装完成。供货方为电动机及附属设备的安装盒运行提供包括安装程序、技术要求和建议的安装进度等内容详细的安装指导文件、运行、维护说明书和图纸，提供为设备安装、试验、拆卸和重新组装所必需的专用工具、专用设备、配件和其他所需的特殊设备，并派技术人员现场服务。

承建商提供电动机运行和维修的备品备件，某些组件、部件或装置如果在招标文件未专门提到，但它们对于构成一台完整及性能良好的机组是必不可少的，或者对于保证机组稳定运行，对于改善机组运行质量都是非常必要的话，那么这些组件、部件或装置也应由承建商提供，其费用包括在设备总价中。

4.3.2　试验要求

电动机的试验包括工厂试验和检验及现场试验，工厂试验和检验包括电动机的检查试验和型式试验。

工厂试验和检验在供货商的工厂车间内或试验室内进行，其中一部分方案必须有技术监督部门代表在场参加（具体方案由双方协议）。所有试验结果应有正式记载报告，对于某些试验方案如不能在制造厂内进行时，承建商应在投标档中做特别说明，经技术监督部门审查同意后，可在工地进行或另作规定。

（1）试验大纲。

承建商应提出每个试验方案的试验大纲及时间安排，并须经技术监督部门委托方技术监督部门同意，试验大纲包括如下内容：

1）检验和试验项目。

2）检验和试验方法。

3）试验所采取的标准、规范。

4）试验使用仪器和设备的型号、规格、精度。

5）承建商投标时应提供型式试验和检查试验列表。

（2）工厂检查试验方案。

承建商应按有关规范对电动机采用的关键材料和主要部件进行样品试验及制造过程检验，并向技术监督部门提供有关试验、检查报告，每台电动机出厂前必须进行下列试验：

1）绕组对机壳及绕组相互间绝缘电阻的测定。

2）绕组在实际冷状态下直流电阻的测定。

3）堵转试验。

4）交流耐受电压试验。

5）匝间冲击耐电压试验。

6）空载试验。

7）振动的测定。

除上述检查试验外，还应包括承建商认为必须增加的检查试验方案，

并注明要技术监督部门代表参加见证的项目。

（3）电动机型式试验项目。

承建商必须对每台电动机做型式试验，除其检查试验项目外，还包括：

1）温升试验。

2）效率、功率因子及转差率的测定。

3）噪声的测定。

4）偶然过电流试验。

5）短时过转矩试验。

6）转动惯量的测定。

7）最小转矩的测定。

8）最大转矩的测定。

（4）电动机的现场试验方案。

在供货商的技术指导下，所有现场试验方案由承建商负责完成。

1）测量绕组对机壳及绕组相互间绝缘电阻和吸收比。

2）测量电动机轴承及测温组件的绝缘电阻。

3）在实际冷状态下测量绕组的直流电阻。

4）定子绕组的直流耐压试验及泄漏电流测量。

5）定子绕组的交流耐压试验。

6）检查定子绕组极性及其连接的正确性。

7）电动机空载转动检查及空载电流测量。

8）电动机额定负载下各部温升试验。

9）电动机振动及摆度测量。

10）冷却系统性能试验。

11）泵组起动、停机和72h连续试运行。

12）其他必要的试验。

第5章 供配电系统设备

5.1 一般要求

5.1.1 系统电压

（1）中压系统为11kV、三相、50Hz。

（2）泵房低压交流电压系统（必须备有柴油发电机应急电源）为400V、三相四线、50Hz。

（3）直流控制电源：电压为110V。

（4）11kV高压开关柜控制电压为直流110V。

（5）仪表、PLC等需要的交流不间断电源（UPS）为单相AC 230V。

5.1.2 系统参数

供配电系统参数见表5.1。

表5.1　　供配电系统的参数

系　　统	额定电压	相数	线数	电压调节范围	短路最大故障电流/kA（r. m. s.）	接地方式
中压系统	11kV	3	3	10%	25	见第8章内容
低压系统	400V	3	4	10%	40	直接接地
交流UPS系统	230V	1	2	±1%	—	直接接地
直流系统（动力和控制）	110V	1	2	±12.5%	—	不接地
照明和检修系统（交流）	400/230V	3	4	5%	—	直接接地

变速推动器VSD装置的进线电源来自11kV系统配电柜，11kV工作段母线主要参数见表5.2。

表5.2 母线参数

参数	数值
额定电压U_n	11kV
电压正常变化范围	+10%～-10%
额定频率	50Hz
频率变化范围	+10%～-10%
电动机成组自启动时，母线电压	65%U_n
最大一台电机启动时，母线电压	80%U_n
11kV母线短路电流	25kA（r. m. s. 有效值），3s

5.2 高压配电系统

5.2.1 一次系统

泵站由市政公共电网引来两路11kV电源。若条件具备，应考虑引自不同的市政变电站，两路电源可以同时工作且互为备用，每路进线应是能够承担全部的高压用电负荷。

泵站高压配电一次系统如图5.1所示。

5.2.2 短路电流

根据当地供电部门提供的资料，11kV（供电网）能够承受3s短时25kA的短路电流。

（1）短路电流计算。

公共责任交换点处短路及故障水平计算（即11kV 1号及2号进线的末端）。

1）基本数据。

供电部门11kV电网短路（S/C）故障水平：

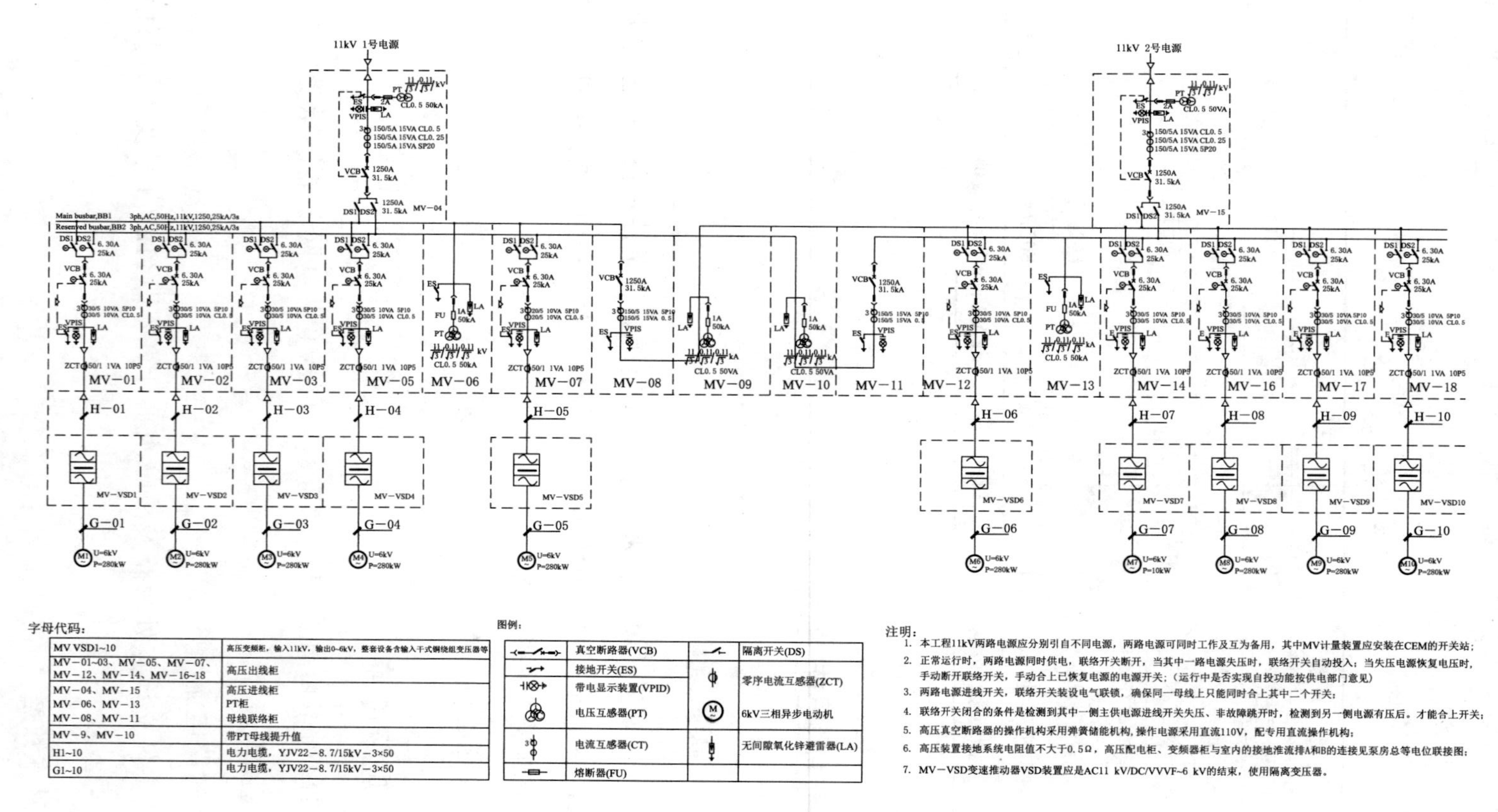

字母代码：

MV VSD1~10	高压变频柜，输入11kV，输出0~6kV，整套设备含输入干式铜绕组变压器等
MV−01~03、MV−05、MV−07、MV−12、MV−14、MV−16~18	高压出线柜
MV−04、MV−15 MV−06、MV−13 MV−08、MV−11	高压进线柜 PT柜 母线联络柜
MV−9、MV−10	带PT母线提升值
H1~10	电力电缆，YJV22−8.7/15kV−3×50
G1~10	电力电缆，YJV22−8.7/15kV−3×50

图例：

	真空断路器(VCB)		隔离开关(DS)
	接地开关(ES)		零序电流互感器(ZCT)
	带电显示装置(VPID)		
	电压互感器(PT)		6kV三相异步电动机
	电流互感器(CT)		无间隙氧化锌避雷器(LA)
	熔断器(FU)		

注明：

1. 本工程11kV两路电源应分别引自不同电源，两路电源可同时工作及互为备用，其中MV计量装置应安装在CEM的开关站；
2. 正常运行时，两路电源同时供电，联络开关断开，当其中一路电源失压时，联络开关自动投入；当失压电源恢复电压时，手动断开联络开关，手动合上已恢复电源的电源开关；（运行中是否实现自投功能按供电部门意见）
3. 两路电源进线开关，联络开关装设电气联锁，确保同一母线上只能同时合上其中二个开关；
4. 联络开关闭合的条件是检测到其中一侧主供电源进线开关失压、非故障跳开时，检测到另一侧电源有压后。才能合上开关；
5. 高压真空断路器的操作机构采用弹簧储能机构，操作电源采用直流110V，配专用直流操作机构；
6. 高压装置接地系统电阻值不大于0.5Ω，高压配电柜、变频器柜与室内的接地准流排A和B的连接见泵房总等电位联接图；
7. MV−VSD变速推动器VSD装置应是AC11 kV/DC/VVVF~6 kV的结束，使用隔离变压器。

图5.1 高压配电一次系统图

最大短路电流：25kA（≤3s）；最大短路容量：476MVA（从供电部门获悉）

碰地故障电流及时间：2kA；碰地故障水平：38.1MVA（合理的保守估计，确切数值由供电部门提供）

2）基准值。

基准容量：S_d=10MVA

3）系统参数。

电源三相短路阻抗：Z_s=10MVA/476MVA=0.021

电源碰地故障阻抗：Z_e=10MVA/（11kV×2kA×$\sqrt{3}$）=0.262

4）电路序号H—01。

电路序号H—01即MV—01至MV—VSD1的连接电缆，估计长度为24m，其规格及参数见表5.3。

表5.3　电缆规格

电缆类型	$50mm^2$　3/C，三芯电缆
正序阻抗	$6.3\times10^{-4}\Omega/m$
零序阻抗	$2.34\times10^{-3}\Omega/m$

5）三相短路。

供电线缆阻抗H—01）：Z_C=10MVA/（11kV×11kV）×0.01512Ω=0.00125，其中Z_O=（$6.3\times10^{-4}\Omega/m$）×24m=0.01512Ω

短路故障水平：10MVA/（0.021+0.00125）=450MVA

短路故障电流：23.6kA

6）单相接地故障。

供电线缆阻抗H—01）：Z=10MVA/（11kV×11kV）×0.05616Ω=0.004678，其中Z=（$2.34\times10^{-3}\Omega/m$）×24m=0.5616Ω

碰地故障水平：10MVA/（0.262+0.004678）=37.5MVA

碰地故障电流：1.97kA

（2）短路电流计算示例结果见表5.4。

表5.4　　短路电流计算结果

<table>
<tr><td colspan="3">高压布线电缆</td><td colspan="2">电路故障电流预期最大值</td></tr>
<tr><td>线路序号</td><td>起　点</td><td>终　点</td><td>短路S/C</td><td>碰地E/F</td></tr>
<tr><td>11kV1号进线</td><td rowspan="2">CEM开关站</td><td rowspan="2">MV柜母线</td><td rowspan="2">25kA
（≤3s）</td><td rowspan="2">2kA</td></tr>
<tr><td>11kV2号进线</td></tr>
<tr><td>H—01</td><td>MV柜MV—01</td><td>VSD柜VSD1</td><td>23.6kA</td><td>1.97kA</td></tr>
<tr><td>H—0X</td><td>MV柜MV—0X</td><td>VSD柜VSDX</td><td></td><td></td></tr>
</table>

注　上述计算过程仅供参考，承建商应按照其拟供应的设备规格数据以及供电部门提供的相关数据（电力系统的最大和最小运行方式下的短路数据、单相接地电流值等）完成此部分的计算。

5.2.3　安全保护

（1）高压变频装置。

设计中的高压变频装置是起码有30脉冲整流（因此隔离变压器应起码有5组各顺序相差7.5度的次级，而每个次级分担1/5的功率），故不存在隔离变压器次级只有单一绕组的情况，所以不会出现全压全频下被旁通致隔离变压器次级运行的境像情况。电动机的输入电流是从变速推动器VSD的换流获得的，因此与CEM电网内阻是完全无关的。一般地，变速推动器VSD在全频下的最大功率输出是不会超过其制定功率的1.2倍，因此短路是极为有限的，另外高压变频装置还具有过流、短路、接地、过压、欠压等各种保护功能。

（2）高压线路的安全措施与其他管线的“规定距离”。

若适用的话，高压线路应是保有不低于“RSLEAT”规定的安全措施及与其他管线的距离：

1）在建筑物内，电缆是可以藏入水泥造的槽管或水泥或塑料造的喉管或导管内，应是确保保护用的疏孔水泥块或等同材料的机械强度不低于M7级。

2）当电缆托盘、导管、喉管及其他装置的外露可导电部分是金属物质时，应是连接到同一接地网上。

3）在人们能接近的闭槽沟内，电缆应是安装到离地面2.5m处或适合的装壳内以防人们接触。

4）穿过汽车道路的电缆应是穿护管藏入地下不少于1m。

5）与地下电信线交越时电缆之间距离不得少于0.25m。

6）与地下电信线平行时电缆互相间距离不得少于0.4m。

7）与水管、气管毗邻时电缆与其之间相隔不得少于0.25m，且分开支承。

8）各电力电缆交越时互间隔开不得少于0.25m，且分开支承。

（3）安全隔开距离（安全技术措施）。

根据国家GB 26860—2011的规定，设备不停电时的安全距离，在电压等级10（11）kV及以下时不得小于0.7m。

（4）高压设备操作柄安全措施。

1）操作设备应具有较明显的标志，包括命名、编号、分合指示、旋转方向、切换位置的指示及设备相色等。

2）设备应备有完善的防误操作闭锁装置，保障正确的操作顺序，即使在意外的操作错误发生后，仍能最高限度保障操作人员和设备的安全。另外，防误操作闭锁装置不得随意退出运行，停用防误操作闭锁应由直属上级人员批准。

3）室内高压断路器的操作机构应是利用墙或金属板与该断路器隔离或装有远方操作机构。

5.3　高压配电柜

5.3.1　设计依据

《高压开关设备和控制设备　第200部分：额定电压1kV以上52kV及以下交流金属封闭开关设备和控制设备》（IEC 62271—200）

《高压开关设备和控制设备标准的共享技术要求》（IEC 60694）

《高压开关设备和控制设备　第100部分：高压交流断路器》（IEC 62271—100）

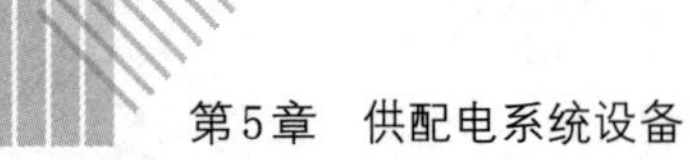

《高压开关设备和控制设备　第102部分：交流隔离开关和接地开关》（IEC 62271—102）

《仪用互感器　第1部分：电流互感器》（IEC 60044—1）

《仪用互感器　第2部分：电压互感器》（IEC 60044—2）

《避雷器　第4部分：交流系统用无间隙金属氧化物避雷器》（IEC 60099—4）

《3.6～40.5kV交流金属封闭开关设备和控制设备》（GB 3906—2006/ IEC 62271—200）

《高压开关设备和控制设备标准的共享技术要求》（GB 11022—2011）

《高压交流断路器》（GB 1984—2014）

《高压交流隔离开关和接地开关》（GB 1985—2014）

《电流互感器》（GB 1208—2006）

《电压互感器》（GB 1207—2006）

《交流无间隙金属氧化物避雷器》（GB 11032—2010）

5.3.2　开关柜系统参数

系统标称电压：11kV；

系统最高电压：12kV；

系统标称频率：50Hz；

系统中性点接地方式：电源侧已采取了接地变压器或电阻器接地（按照供电部门技术数据所称）。

5.3.3　开关柜总体要求

（1）开关柜由固定的柜体和可移开部件两大部分组成，根据柜体电气设备的功能，分成四个不同单元：母线室、断路器室、电缆室、低压室；单元之间用金属隔板完全隔离。开关柜外壳和隔板是采用敷铝锌钢板经机床加工和折弯之后组装栓接而成；在断路器室、母线室和电缆室的上方均设有独立的压力释放装置，当发生内部故障电弧时，伴随电弧的出现，开

关柜内部气压升高，顶部装设的压力释放金属板将被自动打开，释放压力和排泄气体，以确保操作人员和开关柜安全。开关柜需同时配置压力释放信道。

（2）开关柜应是适用于已定义的外界影响条件环境的IEC 60529所指的侵入保护级别，其中外壳防护等级不低于IP4×，内部防护等级不低于IP2×。

（3）开关柜应符合GB 3906—2006或IEC 62271—200规定中所指的内部燃弧要求，并能出示相应报告，内部燃弧应是满足IAC AFLR 25kA－1S。

（4）开关柜应为双母线结构，每个间隔均配置两个母线室，母线与断路器之间设置电控控制的隔离开关，通过隔离开关选择投运的母线。

（5）开关柜的安装与调试是能够在柜前进行，且开关柜门关闭后仍然可以在柜前进行操作。

（6）为确保操作运行安全，断路器手车的操作应只能在闭门情况下实现。

（7）开关柜的门板面漆采用静电喷涂后的焙烤，表面抗冲击，耐腐蚀并保证外形的美观。

（8）开关柜内手车的推进、抽出应灵活方便，不产生冲击力，相同规格的手车具有良好的互换性。

（9）开关柜采用复合绝缘，柜内各相间与对地间净距应符合相关标准的规定。

（10）为防止绝缘件表面在高湿度期间产生凝露，断路器室及电缆室内设置AC 230V电加热器，安装牢固并由独立的空气开关手动控制，满足全天候运行的条件。开关柜柜内应设照明灯以方便检修用，照明灯可以在不停电的情况下检查和更换。

（11）柜内静触头金属活门上应有功能标识，并能加机械锁扣。活门应同时具有安全设施，以保证操作人员在不使用开门工具情况下无法打开活门。

（12）一次相位按面对开关柜从左到右和从上到下排列为L11)、

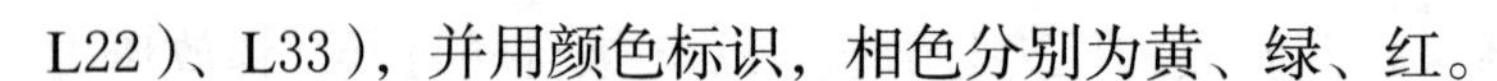

L22)、L33),并用颜色标识,相色分别为黄、绿、红。

(13)断路器真空泡采用浇注式结构,整个浇注极柱应为整体进口产品。断路器应具有可靠的"防跳"功能,所有操作机构各辅助开关的接线,除特殊要求外,同规格应采用相同的联机以保证手车的互换性,手车上应配有机械式计数器,用于合闸时计数,计数器应安装在手车面板上,并有观察孔。断路器手车面板上设有机械式分合闸状态指示、弹簧储能状态指示和手动分合闸按钮,指示器应易于观察。

(14)开关柜的隔离开关为双工位－合状态与分状态,手动操作。隔离开关的合、分操作在柜前进行。隔离开关的状态通过可靠的机械指示牌显示在开关柜的正面。母线隔离开关通过绝缘套筒被单独隔离,相关的母线室也通过隔离板与其他的隔室相互隔开,借助于辅助开关可显示隔离开关的状态。隔离开关的操作类型为手动操作,也可选用电动操作。当操作手柄插入操作孔时,电动操作被闭锁。隔离开关带有必需的联锁装置,隔离开关之间以及它们与断路器之间的联锁通过闭锁电磁铁实现。

(15)主母线采用高级无氧铜并应具备足够大的尺寸,保证长期在额定电流下安全正常运行。柜内分支母线应采用带圆角矩形铜母线,母线截面满足开关柜额定电流的要求。母线包裹热缩套管,裸露带电体部分应有相应的绝缘措施;铜铝接触面应有镀银处理。

(16)连接至开关柜的电缆应是采用柜外分支方法,把电缆分相后引入柜内。

(17)开关柜的各组件,应符合它们各自的技术标准,同类型产品额定值和结构相同的组件可实现互换。

(18)开关柜的结构必须保证操作人员的安全和便于运行、维护、检查、检修和试验。

(19)开关柜防止危险操作的要求:

1)只有当断路器手车完全到达试验或工作位置时,断路器才能合闸。

2)当断路器手车在试验或工作位置失去控制电源时,断路器不能合闸。

3）只有当断路器手车在试验/隔离位置或移开位置，接地开关才能合闸。

4）只有当接地开关分闸时，手车才能从试验/隔离位置移向工作位置。

5）只有当断路器分闸时，手车才能从试验/隔离位置移向工作位置，或从工作位置移向试验/隔离位置。

6）当手车处于工作位置时，二次插头被锁定，不能拔除。

7）只有接地开关合闸时，电缆室门才允许打开，且只有关闭电缆室门后，接地开关才允许被分闸。

（20）开关柜应具有下列的安全功能：

1）防止误拉、合断路器；

2）防止带负荷分、合隔离开关（或隔离插头）；

3）防止带接地开关（或接地线）送电；

4）防止带电合接地开关（或挂接地线）；

5）防止误入带电间格等。

（21）电缆室应为下进下出方式，底板应适用于电缆引入，以及保证所配的零序电流互感器可装于柜内。

（22）开关柜体应为组装式框架结构，金属板件选用敷铝锌板，柜体组装选用拉铆螺钉、拉铆丝母、接触垫片、8.8级高强度螺栓等装配工艺。开关柜必须满足全工况、全隔离、全封闭的要求，所有部件应具有足够的强度，能够承受运输、安装及运行时短路所引起的作用力不致损坏。

（23）开关柜中各组件及其支持绝缘件的外绝缘爬电比距应符合以下规格：瓷质绝缘不小于200mm；有机绝缘不小于220mm。

（24）配电柜外壳要求采用的敷铝镀锌板，厚度应大于或等于2mm。

（25）断路器应是能够在失去操作电源的情况下容易地进行手动储能及手动合、分闸操作。

（26）接地开关应备有可靠的接地位置指示器，以校核其位置。

（27）开关柜内装有电压互感器时，电压互感器高压侧应有防止内部故障的高压熔断器，其开断电流应与开关柜参数相匹配。

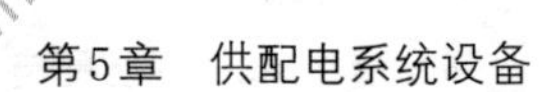

（28）按照额定电压、额定电流，按照地点及短路电流计算的结果进行电气设备的选择与校验。

5.3.4　一次回路技术要求

（1）母线排。

1）母线排应是刚性、高导电率的电解铜；应是符合IEC 60431标准及接触面镀银。

2）母线排的每条导体的截面尺寸在整个长度内应是均匀一致，其截面面积应能承受连续的负载电流及短路电流。

3）母线排的接驳端点应是能确保有效的电导及牢固的连接。

4）母线排应是出厂前已钻孔，母线排的螺丝孔应是光洁、无毛口，母线排的夹紧螺栓应是采用高拉伸的不锈钢螺栓。母线排不应由功能单元所支撑，支承母线排的绝缘子或其他材料应具有良好的机械及电气性能。

（2）真空断路器。真空断路器的相关性能应符合GB 1984或IEC 62271—100标准，及经过型式试验机出厂试验，其技术参数如下：

1）额定电压：12kV；

2）额定电流：1250A（进线）、630A（其他）；

3）工频耐压1min（r. m. s. ）：42kV；

4）雷电冲击耐压（峰值）：75kV；

5）额定短路开断电流：31. 5kA（进线）、25kA（其他）；

6）额定短路关合电流：80kA（进线），63kA（其他）；

7）额定动稳定电流：80kA（进线），63kA（其他）；

8）3s热稳定电流（r. m. s. ）：31. 5kA（进线），25kA（其他）；

9）额定操作顺序：O—180s—CO—180s—CO；

10）额定操作顺序：O—0. 3s—CO—180s—CO；

11）额定短路电流启断次数：50次；

12）断路器电气寿命：10000次；

13）断路器机械寿命：10000次；

14）断路器机械电气免维修寿命：10000次；

15）触头合闸弹跳时间：≤2ms；

16）操作过电压系数：≤3；

17）断路器开关使用年限应是：≥20年；

18）断路器合闸时间：＜70ms；

19）断路器分闸时间：＜50ms；

20）全启断时间：＜60ms；

21）电机储能时间：≤15s；

22）断路器开关使用年限：≥20年。

真空断路操作机构及真空泡：

1）弹簧储能式，储能电动机，电源电压：DC 110V，可手动储能；

2）分闸/合闸控制电压：DC 110V；

3）合闸、分闸电压波动范围：合闸85%～110%，分闸65%～120%；

4）断路器灭弧室应采用最先进的真空纵磁启断技术；触头应采用铜铬合金以确保小的截流值，以减少触头磨损及提升断路器服务寿命。

（3）隔离开关。隔离开关的相关性能应是符合GB 1986或IEC 62271—102标准，及经过型式试验机出厂试验，其技术参数如下：

1）额定电压：12kV；

2）额定电流：1250A（进线）、630A（其他）；

3）额定动稳定电流：80kA（进线），63kA（其他）；

4）3s热稳定电流（r. m. s.）：31. 5kA（进线），25kA（其他）。

（4）电流互感器（3T）。电流互感器应是符合IEC 60044—1及GB 1208标准的有关要求进行安装及选用，并考虑到每个装置的具体要求。电流互感器CT应是符合规定的电流比要求，其精度级别应是满足仪表仪器运行的要求，0. 2S级的用于计量，0. 5级的用于测量，5P级的用于保护。电流互感器热稳定（3s）25kA，动稳定电流63kA。

电流互感器二次绕组中所接入的负荷（包括测量仪表、电能计量和连接导线等），应保证实际二次负荷在25%～100%额定二次负荷范围内。

电流互感器应是环氧树脂浇注而成，通常用于向测量和保护装置传递

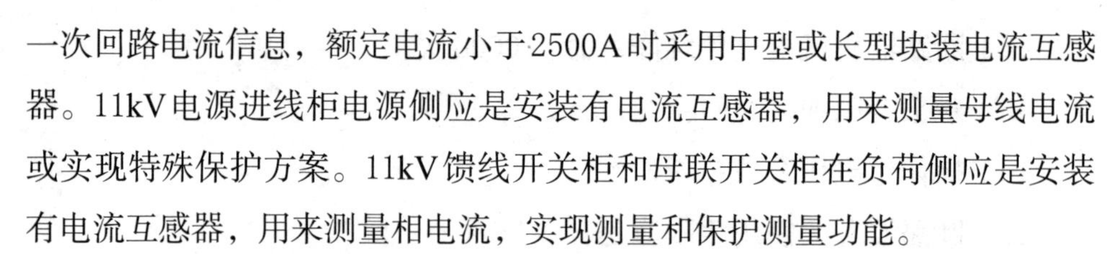

一次回路电流信息，额定电流小于2500A时采用中型或长型块装电流互感器。11kV电源进线柜电源侧应是安装有电流互感器，用来测量母线电流或实现特殊保护方案。11kV馈线开关柜和母联开关柜在负荷侧应是安装有电流互感器，用来测量相电流，实现测量和保护测量功能。

（5）电压互感器（PT）。电压互感器应是符合IEC 60044—2及GB 1207—2006有关要求进行安装及选用，并考虑到每个装置的具体要求，电压互感器初级应是采用高压熔断器保护，其精度级别应是满足仪表仪器运行的要求，0.2级的用于计量，0.5级的用于测量。电压互感器热稳定（3s）25kA，动稳定电流63kA。

电压互感器次级绕组中所接入的负荷（包括测量仪表、电能计量装置、继电保护和连接导线等），应能保证实际次级负荷在25%～100%额定二次回路负荷范围内。额定次级负荷功率因子应接近实际二次回路负荷的功率因子。

电压互感器应是设有防止铁磁谐振的装置，电压互感器应是环氧树脂浇注而成，通常用于向测量和保护装置传递信息。电压互感器安装在小车上时，配有熔断器，任何一相熔断器熔断都会将发出触点信号。采用小车式电压互感器可在开关柜运行时更换熔断器。在柜门关闭时移出小车后，金属活门应能自动关闭隔离带电部分。

（6）避雷器。避雷器应选用无间隙氧化锌避雷器，其吸收能量大、保护残压值低及保护距离远，并按照使用地区环境条件进行选择，其主要技术参数如下：

1）额定电压：17kV；

2）持续运行电压：＞13.2kV；

3）（标称放电电流）下雷电冲击（8/20μs）残压：45kV（峰值）；

4）标称放电电流：5kA。

（7）接地开关。接地开关应为快速开关，与操作人员的动作快慢无关，接地设备的容量在接地开关闭合时应是能够承受短路电流，接地开关在闭合与断开两个位置均能锁扣，接地与否均能够在柜前辨别。接地开关器具有机械联锁性能，以防止误操作。

（8）其他。高压计量装置（包括计量用互感器、计量仪表等）均需通过承建商得到供电部门认可，达到其验收要求。

5.3.5 二次回路技术要求

（1）开关柜内部导线应采用500V绝缘多股铜芯导线，导线中间不得有接头，且控制电路导线截面面积为1.5mm^2，电压电路为1.5mm^2，电流电路为2.5mm^2。

（2）开关柜柜间小母线具体配置如下：

1）控制保护电源小母线（直流）。

2）合闸电源小母线（直流）。

3）加热器电源小母线（交流230V）。

4）电压小母线（交流100V）。

5）电缆室照明电路小母线。

备注：以上a、b及c小母线截面面积不应小于4mm^2，d及e小母线截面面积不应小于2.5mm^2。

（3）所有CT、PT次级电路引出至端子，备用的CT次级绕组在端子上应被短路短接，PT次级侧中性点应直接接地。

（4）端子排应具备适当绝缘值及机械强度要求的端子，端子排上每个端子和联机须带编号；电流回路采用专用电流型试验端子。

（5）开关柜低压室须设有照明设备。

（6）本工程设有自动监控系统，开关柜制造商应提供自动监控系统所需要（接收）的及发出（发送）的讯号端口，诸如就地/远方转换开关、各种无源接点等。

（7）开关柜的柜体标牌和二次回路器件的标牌文字为繁体中文和英文。

（8）开关柜的保护功能分为两种：

1）用于断路器跳闸的保护功能，如短路故障、碰地故障的保护。

2）监视保护设备的操作和电网其他部分的保护，如电压、频率和过电流保护功能（报警/跳闸）。

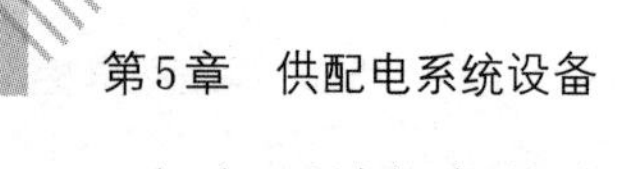

（9）开关柜保护应采用多功能微机继电保护装置，能够使用于已定义外部影响环境条件下的要求，应满足下列配置要求：

1）根据电网结构、设备容量及类型、运行要求，符合《继电保护和安全自动装置技术规程》（GB 14285—2006）规定的配置。

2）保护装置与测量仪表不宜共享电流互感器的二次线圈。保护用电流互感器的稳态误差不应大于10%。

3）具有在线自动检测功能，其内容包括装置硬件损坏、功能失效和二次回路异常运行状态的自动检测；在正常运行情况下，二次回路或其他故障造成保护装置误动作时，应装设断线闭锁或采取其他措施，将保护装置解除并发出信号。

4）通信接口应是采用RS 485或以太网等。通信内容主要有：装置识别信息、系统异常信号、故障信息、动作信息、断路器跳合闸信号、对时信号以及各相电压、电流等参数。

5）应具备大液晶中文面板，具有友好的人机界面，并可实现中英文显示切换，从而方便在就地通过面板操作查看各种信号状态和报警或者保护定值等信息，该信息可由用户组态和修改。

（10）开关柜微机继电保护装置性能和试验必须满足以下相关规范：

1）开关柜微机继电保护装置通信接口和协议应是符合IEC 61850的标准。

2）开关柜微机继电保护装置耐湿热性能应是符合IEC 60068—2的标准。

3）开关柜微机继电保护装置机械性能，包括冲击和碰撞、振动等试验应是符合IEC 60255—21的标准。

4）开关柜微机继电保护装置的电磁兼容性能，包括抗辐射电磁场干扰、快速瞬变干扰、脉冲群干扰、静电放电干扰、抗浪涌干扰、工频抗扰度、谐波传导干扰的性能不低于IEC 60255—22的要求；电压暂降、短时中断和电压变化的抗扰度性能应是符合IEC 61000—4—11的标准。

5）开关柜微机继电保护装置绝缘性能，包括绝缘电阻、介质强度、冲

击电压等的性能不低于IEC 60255—5以及IEC 60255—27标准的要求。

（11）开关柜的多功能电力仪表应是能够使用于已定义的外部影响环境条件下场所的要求，及具有以下技术要求：

1）具有三相电压、三相电流、零序电流、有功功率、无功功率、视在功率、功率因子、系统频率、有功电度、无功电度、视在电度、电压和电流的谐波畸变率等多种电参量测量与计算功能。

2）测量精度：电压为0.2%、电流为0.2%、频率为0.2%、功率为0.5%、功率因子为0.5%、电度为1%。

3）可完成两路电度表输入脉冲的电度计量。

4）支持遥信和遥控功能。

5）RS 485或者以太网通信口，支持MODBUS通信协议。

6）所有关键数据（系统参数等）在失电情况下可保存10年以上。

7）抗空间电磁干扰。

8）具有显示窗口和按键，就地显示和操作方便，可指示装置运行、通信、开入量、开出量的状态。

5.3.6 继电保护装置

（1）一般要求。

配电系统中的电力设备和线路应装设短路和其他异常运行的继电保护装置。短路保护应有主保护、后备保护和设备异常运行保护装置，必要时增设辅助保护。

继电保护装置应满足可靠性、选择性、灵敏性和速动性四项基本要求：

1）可靠性：要求保护装置动作可靠，避免误动和拒动。宜选择最简单的保护方式，选用可靠的元器件构成最简单的回路，便于检测调试、整定和维护。

2）选择性：首先由故障设备或线路的保护装置切除保护。为保护选择性，对一个回路系统的设备和线路保护装置，其上、下级之间的灵敏性和动作时间应逐级相互配合。

3）灵敏性：在设备或线路的被保护范围内发生金属性短路时，保护装置应避免越级跳闸并具有必要的灵敏系数。各类保护装置的灵敏系数应不小于相关规范的要求。

4）速动性：保护装置应尽快地切除故障，以提高系统稳定性，缩小故障影响范围。

保护装置应有避免因短路或接地故障电流衰减、系统振荡等引起拒动和误动的功能。

保护装置与测量仪表，不宜公用电流互感器二次线圈，保护装置用电流互感器的稳态比误差不应大于10%。

在正常运行情况下，当电压互感器二次回路断线或其他故障可能使保护装置误动作时，应装设断线闭锁装置或采取其他措施，将保护装置解除工作并发出信号；当保护装置不致误动作时，应装设电压回路断线信号装置。

在保护装置内应设置由信号继电器或其他组件等构成的指示信号，且应在直流电压消失时不自动复归，或在直流恢复时仍能维持原动作状态；并能分别显示各保护装置的动作情况。

（2）基本设定。

在不抵触上游供电部门所允许的反时限过电流（简称“IDMT”）限值内，且得到供电部门同意下，继电保护装置的基本设定应是：

1）符合《电力装置的继电保护和自动装置设计规范》（GB 50062—2008）的规定。

2）符合《电气装置安装工程盘、柜及二次回路接线施工及验收规范》（GB 50171—2012）的规定。

3）符合RSSPTS（26/2004/M）的规定。

4）短路保护装置的设定应以最大优先选择性使受影响的电路自动切断。电路应在最短时间内切断，使得发生短路的机构所受到的损害减至最小且布线及设备免遭损坏，并避免供电网受到干扰。

5）短路保护装置其启断能力设定最起码与该装置的安装点上的预期最大短路电流相同。

6）短路保护装置其灵敏度设定应能够侦测到发生在电路最远点上的短路。

7）在电路上任何一点发生短路时，断电时间的设定应尽量短且有选择性，应比电网的稳定性或由物料及设备特征所决定的最长时间为短。

8）发生在装置内或由装置供电的电网任何一点上的碰地故障或碰外壳故障的持续时间，应尽量短并有选择性，把供电网受到的干扰以及对被相关电流流过的装置的机构及部分所造成的损害减至最小。碰地故障或碰外壳故障的持续时间不得超过由电网稳定性或由物料及设备特征所定的最长时间的设定，且绝不得超过3s。

9）若装置内发生高压碰地故障时，环行于整个地电极环路电阻（R）的高压相线碰地故障电流（I_m）而导致的故障电压（U_f，$U_f=R\times I_m$），其故障电压的持续时间内的排除设定必须符合IEC 60364—4—442.4.2规定的按照IEC 60479—1的C_1曲线的F－曲线的限值之内。

（3）继电保护配置原则。

1）10（11）kV电力线路保护。

10（11）kV中性点非有效接地电力网的线路，对相间短路和单相接地保护应按下列要求装设相应的保护：

a. 线路的相间短路保护，应符合电流速断保护，应保证切除所有使母线电压低于60%额定电压的短路。必要时可无选择性动作，以自动装置补救；当过电流保护动作时不大于0.5～0.7s，且没有保护配合上的要求时，可不装设瞬动的电流速断保护；当无时限电流速断保护不能满足灵敏性或选择性要求时，可装设带时限电流速断保护。

b. 对10（11）kV电源进线，可采用带时限的电流速断保护。

c. 对单相接地故障，应装设接地保护装置，并应符合配电室母线上装设接地监视装置的要求，并动作于信号；对于有条件安装零序电流互感器的线路，当单相接地电流能满足保护的选择性和灵敏性要求时，应装设动作与信号的单相接地保护；当不能安装零序电流互感器，而单相接地保护能躲过电流回路中不平衡电流的影响时，也可将保护装置接于三相电流互感器构成的零序回路中。

2)10(11)kV分段母线保护。

配电室分段母线宜在分段断路器处装设电流速断保护和过电流保护；分段断路器电流速断保护仅在合闸瞬间投入，并应在合闸后自动解除；分段断路器过电流保护应比出线回路的过电流保护增大一级时限。

(4)继电保护设计。

继电保护计算过程仅供参考，承建商应按照其拟供应的设备规格数据以及供电部门提供的相关数据（电力系统的最大和最小运行方式下的短路数据、单相接地电流值等）完善此部分的计算。

1)高压馈线柜（280kW变速推动器VSD）装设有定时限过流、速断、零序保护。

变速推动器VSD后电机的过流保护值应按下式整定：

$$I_{OP\cdot K}=K_{rel}K_{jx}\frac{I_{eM}}{K_r n_{TA}}=1.2\times 1\times\frac{43.1}{0.85\times 30/5}=10.14(\mathrm{A})$$

式中 K_{rel}——可靠系数，用于过电流保护时，DL型和GL型继电器分别取1.2和1.3，用于电流速断保护时分别取1.3和1.5，用于单相接地保护时，无时限取4～5，有时限取1.5～2；

K_{jx}——接线系数，接于相电流时取1，接于相电流差时取$\sqrt{3}$；

K_r——继电器返回系数，取0.85；

n_{TA}——电流互感器变比；

I_{eM}——电机的额定电流。

由于变速推动器VSD过载能力较差，不能按照电动机的启动时间来进行整定的，同时对整个回路的整定时间也没有上下级联的问题，因此按照移相用整流变压器的过电流时间来整定，一般整定值为0.5s。

变速推动器VSD后电动机的速断保护值应按下式整定：

$$I_{OP\cdot K}=\frac{K\times 1.05 I_{eM}}{n_{TA}}=\frac{8\times 1.05\times 43.1}{30/5}=60.34(\mathrm{A}),\ t=0\mathrm{s}$$

式中 K——变速推动器VSD中移相变压器最大励磁涌可达6～8倍变压器的额定电流；

$1.05I_{eM}$——通常取1.05倍电动机的额定电流作为移相变压器的额定电流；

n_{TA}——电流互感器变比。

电流速断保护的灵敏度按保护安装处发生两相金属性短路时流过保护装置的最小短路电流来校验，按照相关规范要求其灵敏系数不小于2。

2）高压馈线柜（180kW变速推动器VSD）装设有定时限过流、速断、零序保护。

变速推动器VSD后电动机的过流保护值应按下式整定：

$$I_{OP\cdot K}=K_{rel}K_{jx}\frac{I_{eM}}{K_r n_{TA}}=1.2\times1\times\frac{27.9}{0.85\times20/5}=9.85(\mathrm{A})$$

式中 K_{rel}——可靠系数，用于过电流保护时，DL型和GL型继电器分别取1.2和1.3，用于电流速断保护时分别取1.3和1.5，用于单相接地保护时，无时限取4～5，有时限取1.5～2；

K_{jx}——接线系数，接于相电流时取1，接于相电流差时取$\sqrt{3}$；

K_r——继电器返回系数，取0.85；

n_{TA}——电流互感器变比；

I_{eM}——电机的额定电流。

由于变速推动器VSD过载能力，不能按照电动机的起动时间来进行整定的，同时对整个回路的整定时间也没有上下级联的问题，因此应是按照移相用整流变压器的过电流时间来整定，一般整定值为0.5s。

变速推动器VSD后电动机的速断保护值应按下式整定：

$$I_{OP\cdot K}=\frac{K\times1.05I_{eM}}{n_{TA}}=\frac{8\times1.05\times27.9}{20/5}=58.59(\mathrm{A}),\ t=0\mathrm{s}$$

式中 K——变速推动器VSD中移相变压器最大励磁涌可达6～8倍变压器的额定电流；

$1.05I_{eM}$——通常取1.05倍电动机的额定电流作为移相变压器的额定电流；

n_{TA}——电流互感器变比。

电流速断保护的灵敏度按保护安装处发生两相金属性短路时流过

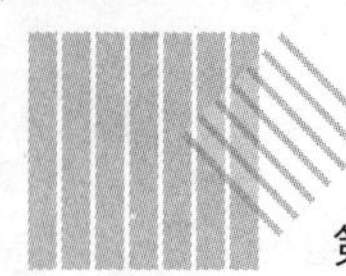

保护装置的最小短路电流来校验，按照相关规范要求其灵敏系数不小于2。

3）电源进线柜装设有定时限过流、速断、零序、低电压保护。

过电流保护：

$$I_{OP\cdot K}=K_{rel}K_{jx}\frac{I_{gh}}{K_r n_{TA}}=1.2\times1\times\frac{1.2\times115}{0.85\times150/5}=6.49(\mathrm{A})$$

式中　K_{rel}——可靠系数，用于过电流保护时，DL型和GL型继电器分别取1.2和1.3，用于电流速断保护时分别取1.3和1.5，用于单相接地保护时，无时限取4～5，有时限取1.5～2；

K_{jx}——接线系数，接于相电流时取1，接于相电流差时取$\sqrt{3}$；

K_r——继电器返回系数，取0.85；

n_{TA}——电流互感器变比；

I_{gh}——线路过负荷电流，取线路额定电流值的1.2倍。

过电流保护的灵敏度按系统最小运行方式下线路末端两相短路电流来校验，按照相关规范要求其灵敏系数不小于1.5。

保护装置的动作时限需于下一级的分段断路器过电流保护相配合，整定值为1.1s。

电流速断保护：

$$I_{OP\cdot K}=K_{CO}K_{jx}\frac{I_{OP\cdot3}}{n_{TA}}=\frac{1.1\times1}{150/5}\times60.34\times30/5=13.27(\mathrm{A})$$

式中　K_{CO}——配合系数，取1.1；

K_{jx}——接线系数，接于相电流时取1，接于相电流差时取$\sqrt{3}$；

n_{TA}——电流互感器变比；

$I_{OP\cdot3}$——相邻组件的电流速断保护的一次动作电流，A。

电流速断保护的灵敏度按系统最小运行方式下线路始端两相短路电流来校验，按照相关规范要求其灵敏系数不小于2。

保护装置的动作时限整定值为0.5s。

过电压保护：

$$U_{OP\cdot K}=KU_{r2}=1.1\times110=121(\mathrm{V})$$

式中 K——按母线电压不超过105%额定电压值整定；

U_{r2}——电压互感器二次额定电压，其值为110V。

保护装置的动作时限整定值为1s。

低电压保护：

$$U_{OP\cdot K}=K_{\min}U_{r2}=0.7\times110=77(\mathrm{V})$$

式中 $K_{\min}$——系统正常运行母线电压可能出现的最低电压系数，取0.7；

U_{r2}——电压互感器二次额定电压，其值为110V。

保护装置的动作时限整定值为5s。

4）分段母联柜装设有定时限过流、速断保护和备用自投。

分段母联柜速断保护仅在合闸瞬间投入，并应在合闸后自动解除。保护装置的灵敏度，按最小运行方式下母线两相短路时，流过保护安装处的短路电流校验，按照相关规范要求其灵敏系数不小于1.5。对后备保护，则按最小运行方式下相邻组件末端两相短路时，流过保护安装处的短路电流校验，按照相关规范要求其灵敏系数不小于1.2。

过电流保护：

$$I_{OP\cdot K}=K_{rel}K_{jx}\frac{I_{gh}}{K_r n_{TA}}=1.2\times1\times\frac{1.2\times80.5}{0.85\times150/5}=4.55(\mathrm{A})$$

式中 K_{rel}——可靠系数，用于过电流保护时，DL型和GL型继电器分别取1.2和1.3，用于电流速断保护时分别取1.3和1.5，用于单相接地保护时，无时限取4～5，有时限取1.5～2；

K_{jx}——接线系数，接于相电流时取1，接于相电流差时取$\sqrt{3}$；

K_r——继电器返回系数，取0.85；

n_{TA}——电流互感器变比；

I_{gh}——线路过负荷电流，取线路额定电流值的1.2倍。

保护装置的动作时限应较相邻组件的过电流保护大一时限阶段，取0.8s。

电流速断保护（仅在分段断路器合闸瞬间投入，合闸后自动解除）：

$$I_{OP\cdot K} \geqslant \frac{K \times I_e}{n_{TA}} = \frac{8 \times 1.05 \times 43.1}{150/5} = 12.07，因此 I_{OP\cdot K} 取 12.5A。$$

式中　K——高压变频器中移相变压器最大励磁涌可达6～8倍变压器的额定电流；

I_e——通常取1.05倍电机的额定电流作为移相变压器的额定电流；

n_{TA}——电流互感器变比。

5）PT柜装设有低电压保护、过电压保护、PT断线保护和零序过电压保护（绝缘监察）。

过电压保护：

$$U_{OP\cdot K} = KU_{r2} = 1.1 \times 110 = 121（V）$$

式中　K——按母线电压不超过105%额定电压值整定；

U_{r2}——电压互感器二次额定电压，其值为110V。

保护装置的动作时限整定值为1s。

低电压保护：

$$U_{OP\cdot K} = K_{\min} U_{r2} = 0.7 \times 110 = 77（V）$$

式中　$K_{\min}$——系统正常运行母线电压可能出现的最低电压系数，取0.7；

U_{r2}——电压互感器二次额定电压，其值为110V。

保护装置的动作时限整定值为5s。

（5）继电保护整定表。

当承建商按照H.2.2的内容计算出每条电路的短路故障（S/C）电流及碰地故障5/F）电流等之后，承建商应按照其拟定供应的继电保护设备（机电式/电子式/微机式）的产品型号进行编制一份继电保护协调参数表（见表5.5～表5.7），参考继电保护的计算方法详细列出每个高压配电柜拟设定的每个保护动作（即ANSI内各数字代码下的）电流整定值及其时间整定值的范围及各级之间的级联协调，打印所有继电协调保护的最小反时限特性曲线图表，给予设计方以及供电部门审核。

三相过电压和低电压保护表。

表5.5　　三相过电压和低电压保护表

名　称	定值（范围）	整　定　值
Overvoltage $U/U_n>$	0.05～1.6	
Overvoltage time $t>$（s）	0.04～300	
Undervoltage $U/U_n<$	0.05～1.2	
Undervoltage time $t>$（s）	0.06～300	

三相过电流保护表。

表5.6　　三相过电流保护表

名　称	定值（范围）	整　定　值
Low set $I>$	（0.05～5.0）$\times I_n$	
Time multiplier k	0.05～15	
High set $I>$	（0.05～40.0）$\times I_n$	
Time $t>$（s）	0.04～200	
Directional element basic Angle setting	0°～90°	
High set $I>$	（0.05～40.0）$\times I_n$	
Time setting（s）	0.04～200	

接地保护表。

表5.7　　接地保护表

名　称	定值（范围）	整　定　值
Residual Voltage $U_{0b}>$	（0.01～1.0）$\times U_n$	
Time setting $t_{0b}>$（s）	0.04～300	
Low set $I_{01}>$	（0.01～5.0）$\times I_n$	
Low set $U_{01}>$	（0.01～1.0）$\times U_n$	
Time setting $t_{01}>$（s）	0.04～200	
High set $I_{02}>$	（0.01～5.0）$\times I_n$	
High set $U_{02}>$	（0.01～1.0）$\times U_n$	
Time setting $t_{01}>$（s）	0.04～200	

5.3.7　试验

（1）工厂试验。中压开关设备及控制设备常规试验包括：

1）组装完成后的特殊技术指定的工频电压耐受试验。

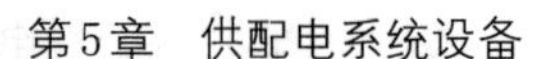

2）控制电路布线的1min 2000V的工频（电压）电气强度（介电）耐受试验。

3）电路断路器/开关器/连接器的机械及电气操作。

4）检查汇流排的相位安排。

5）次级及控制电路布线的连续性。

6）使用次级注入及直流供电等（方法试验）操作所有继电器及表头。

7）检视仪表用互感器的端口标示及极性。

8）仪表用互感器的初级及次级布线的工频（电压）试验。

9）汇流排、电路断路器、比流器（CT）及比压器（PT）的绝缘电阻试验。

提交仪表用互感器、表头及继电器的标定及常规试验证书。

隔离器常规试验包括：

1）组装完成后指定的工频电压耐受试验。

2）控制电路布线的1min 2000V的工频（电压）电气强度耐受试验。

3）开关器、机构、互斥连动、辅助开关及手动器件的机械及电气操作。

4）汇流排、开关器及比流器（CT）的绝缘电阻值试验。

（2）交付使用前试验。中压开关设备及控制设备及隔离器试验包括以下内容但不限于：

主回路通电前：

1）确保所有设备处于服务档位及所开关器、电路断路器等已合闸。

2）确保隔离了所有外部的连接。

3）断开连接/隔离开直驳的继电器、表头等。

4）把比流器（CT）的次级短路及接地。

5）断开连接/隔离开比压器（PT）（低压开关设备及控制设备用的远方电位及指示灯电路的熔断器）。

6）以下列试验电压检查（主回路的）每一相与其他接地的两相：3.3kV电缆，12.8kV；6.6kV电缆，17.6kV；11kV电缆，22.4kV；22kV电缆，40kV。

辅助电路：

1）隔离/断开连接所有半导体器件。

2）隔离/断开连接比压器（PT）的次级。

3）把比流器次级断开连接及短路。

4）把辅助电路的所有带电部分互连一起。

5）断开连接/隔离发热器及指示灯的电路。

6）在辅助电路与箱壳之间施加1min 2000V的试验电压。

7）检查包括断路器、主开关器及接地开关掣的互斥闭锁。

8）进行电路断路器的操作试验。

9）检查断路器、开关器的服务运行、测试及抽出的操作。

10）检查互感器（CT）及（PT）的变比比值、极性（只对于CT）及绝缘电阻值。

11）按照继电器设定数据表整定及试验所有保护继电器。当继电器具有时间值整定特征时，则要在曲线上最少三点注入以测试其曲线。这些继电器包括所有带有可变特征的电子式电动机保护继电器，应以初级注入方法去检查电流及功率敏感型继电器。

12）按照所欲控制功能整定及试验所有时间掣及时间继电器。

13）以初级电流注入方法检查所有表头。

14）检查所有选择掣的操作。

15）检查所有控制功能例如断路器的自动/手动操作、PLC控制等。

16）以手动操作把器件初始化以检查各系统及电路的每一个告警条件。检查点应具有连续性以检查所有布线图，若布线图的每一条线都证明是正确无误时，标上醒目黄色。

通电之后：

1）检查相序及来电电压。

2）电池及充电器。

3）量度及记录每一个及所有电池组件电解液的比重。

4）量度及记录每一个电池组件的电压，量度全部电池的电压，比较两值（即$\sum V_{\text{cells}} = V_{\text{batt}}$）以检查极性是否正确连接。

5）按照制造商的推荐调节电池充电器的浮充电及均衡充电。

6）以手动操作把器件初始化以检查各系统及电路的每一个告警条件。

7）若适用的话，确证充电器的供电是从相关配电箱的重要供电汇流排而来。

5.4　高压变频柜（MV－VSD）

5.4.1　技术标准与规范

《标准电压》（GB/T 156—2017）

《包装储运图标标志》（GB/T 191—2008）

《电工电子产品基本环境试验规程　试验A：低温试验方法》（GB/T 2423.1—2008/IEC 60068—2—1）

《电工电子产品基本环境试验规程　试验B：高温试验方法》（GB/T 2423.2—2008/IEC 60068—2—2）

《电工电子产品基本环境试验规程　试验Cab：恒定湿热试验方法》（GB/T 2423.3—2016/IEC 60068—2—78）

《电工电子产品基本环境试验规程　试验Ea：冲击试验方法》（GB/T 2423.5—2019/IEC 60068—2—27）

《电工电子产品基本环境试验规程　试验Fc：振动（正弦）试验》（GB/T 2423.10—2019/IEC 60068—2—6）

《电气设备安全设计导则》（GB/T 25295—2010）

《外壳防护等级（IP代码）》（IEC 60529—2013）

《电工电子产品应用环境条件　贮存》（GB/T 4798.1—2005）

《电工电子产品应用环境条件　运输》（GB/T 4798.2—2008）

《干式电力变压器》（IEC 726—1982）

《调速电气传动系统　第3部分：电磁兼容性要求及其特定的试验方法》（GB 12668.3—2012/IEC 61800—3）

《电能质量 公用电网谐波》（GB/T 14549—1993）

《电力系统谐波控制 推荐标准》（IEEE std 519—1992）

《户内交流高压开关柜订货技术条件》（DL/T 404—1997/IEC 62271—200）

5.4.2 MV-VSD总体要求

（1）性能技术要求。

变速推动器VSD为AC 11kV/DC/VVVF～6kV，变速推动器VSD输出不采用任何形式的升压变压器。为保证变速推动器VSD的高可靠性，变速推动器VSD应是结构简单，在0～40℃环境温度下，厂房不考虑安装空气温度及湿度调节设施条件下能够保持额定功率输出的长期运行。变速推动器VSD及其水泵机组的协调及供应安装应是同一牌子的设备制造商独立承办，采用原装进口产品。

（2）对于隔离/移相/整流变压器的技术要求。变速推动器VSD配套的隔离/移相/整流变压器（以下简称“变压器”）应是一体化干式低损耗变压器。变压器必须和组装装置本体一体化，整体运输，不接受额外增加的单独放置的变压器。变压器应考虑系统的过电压、变频装置产生的共模电压和谐波的影响，对变压器额定容量的影响，并提供变压器容量选择计算演示。变压器为干式变压器，配金属外壳，设置测温组件，用于变压器过热报警、延时保护跳变频系统和信号远传。风扇停运信号及控制电源失电报警保护功能应是由变速推动器VSD实现。主控器有超温报警、跳闸、风扇停运、控制电源失电报警等保护功能，并有相应的远传报警信号。

（3）变压器应是满足下列技术参数：

1）初级额定电压：11kV。

2）初级额定频率：50（1±5%）Hz。

3）绝缘等级：H级。

4）过负载能力：变压器允许的过负荷能力应是符合IEC 60076干式变压器过负荷导则及相应国家标准要求，可以达到125%（15min）。按

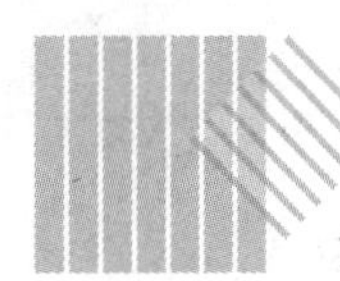

照变速推动器VSD的过负载能力进行保护功能的整定时，应是125%（1min）。

5）承受短路电流的能力：变压器在各分接头位置处，能承受线端突发短路（按系统容量无穷大考虑）电动力、热稳定而不导致变压器的任何损伤、变形及紧固件松脱。

6）噪声水平：在离外壳1m，高度为1.5m处测量的噪声水平应不大于60dB。

7）温升限值（表5.8）。

表5.8　　　　温升限值表

部　　位	绝缘系统温度/℃	最高温升/K
线　　圈	180（H级）	125
铁芯、金属部件和其相邻的材料	按照国家标准	在任何情况下不会出现使铁芯本身、其他部件和与其相邻的材料受到损害的温度

8）承建商须提供变压器的测量、控制、信号等附件的名称、数量，并在技术规范中说明变压器本体系统的测量和控制方案，至少包括：①有温度传感器进行温度保护；②检测项目：变压器进线电压、变压器温度、变压器柜冷却风机工作状态。

9）设备供货商负责变压器与变频装置之间的连接。变压器进线接线端子足够大，以便与进线电缆连接。变压器柜内高压引线导体能满足发热的允许值（小于65℃）。

10）变压器柜的防护等级应为IP30，变压器柜能下进下出电缆。

11）总谐波电流分量：≤3%。

（4）对变速推动器VSD的技术要求：

1）变速推动器VSD装置应为AC11kV／DC／VVVF～6kV的结构，使用隔离／移相／整流变压器，其必须满足30脉冲或以上桥式整流器条件。

2）变速推动器VSD装置整流用变压器应采用干式变压器，干式变压器应铜线绕制，柜体封闭，绝缘等级应为H级。

3）承建商应提供在功率器件或控制组件损坏的情况下，变速推动器VSD的运行模式和对运行状况的影响以及排除故障的方法。

4）变速推动器VSD装置整个系统必须在出厂前进行整体仿真带额定负载试验（至少24小时），以验证确保整套系统的可靠性，承建商提供出厂试验方案及标准。

5）变速推动器VSD装置制造商必须已通过ISO 9001质量保证体系认证，制造厂商应具有生产制造高压变速推动器VSD及备品配件的生产能力。

6）承建商应根据之前界定的“外部影响”条件进行安装变速推动器VSD装置，包括装置承建商认为适当的附加的辅助设备，如加装抗冷凝加热器，以适应热带沿海环境。

7）承建商安装、投运变速推动器VSD装置后而原电动机不加任何改动应可直接应用。承建商须说明变速推动器VSD运行过程中对电动机的绝缘是否会造成不良影响，若有的话，则采取何种措施避免，亦须说明变速推动器VSD是否对其输出电缆长度有所要求。

8）在20%～100%的调速范围内，变速推动器VSD系统不加任何功率因子补偿装置的情况下输入端功率因子必须达到0.95及以上。

9）变速推动器VSD装置的功率单元为模块化设计，以方便从机架上抽出、移动和变换，所有单元可以互换。

10）变速推动器VSD输出必须符合IEEE std 519：1992标准及国家供电部门对电压畸变的最严格要求，且高于国标GB/T 14549—1993对谐波畸变的规定。

11）变速推动器VSD装置对电网回馈的谐波限值必须符合IEEE std 519：1992标准的限值规定及国家供电部门对电压畸变的最严格要求。并且投标厂家需提供国家权威部门出具的检验报告。若使用多脉冲整流器，整流桥脉冲数至少为30脉冲及用IGBT整流。

12）变速推动器VSD和变压器应是采取强迫风冷，配套风机及风道等设备采用进口产品，具有冗余配置，并提供风机故障报警。变速推动器VSD的空气过滤网应能在运行中安全拆卸进行清扫，每台冷却风机的平

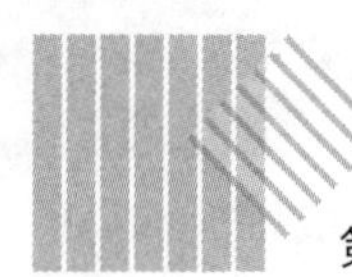

均无故障时间大于变速推动器VSD本身平均无故障时间。当其中一台风机发生故障时，仍然能够满足额定运行要求。承建商应描述当冷却风机故障时变速推动器VSD的运行情况，提供风机维修和更换的方法。

13）当变速推动器VSD发生过流或短路等重要故障时，变速推动器VSD应是能够快速切除故障，并提供完善的综合保护措施以保证变速推动器VSD系统不损坏。

14）变速推动器VSD装置输出波形应是不会引起电动机的谐振，转矩脉动小于0.1%，变速推动器VSD可自动跳过共振点（至少3组）。

15）变速推动器VSD装置整个系统的效率（包括输入隔离变压器等）在整个调速范围内必须达到97%以上。

16）变速推动器VSD对电网电压波动应有强的适应能力，在－20%～10%电网电压波动范围内能满载输出。变速推动器VSD瞬时失电后，5个周波之内，变速推动器VSD运行不受任何影响．如果超过5个周波，变速推动器VSD自动降额运行，待输入电压恢复正常后，自动重新提升输出频率到给定值，此过程由加减时间控制不应有初始化时间。

17）变速推动器VSD装置提供电动机所需的过流、短路、接地、过压、欠压、过热、缺相等保护，应分别输出跳闸和报警信号，并能接入PLC及能够使得电源开关跳闸或报警，保护输出接点不小于5A。所有保护动作和故障均应在变速推动器VSD智能控制器中有故障发生时间（毫秒级）、故障类型、故障部位等详细的描述，所有保护的性能应是符合所指定的有关标准的规定：

过流保护：电动机额定电流的120%，1min，具有反时限特性。

短路保护：电动机额定电流的150%，定时限特性，动作时间可设定。

接地保护：变速推动器VSD至电动机线圈发生接地故障时，定时限特性。

过压保护：检测每个功率模块的直流母线电压，如果超过额定电压的115%，定时限特性保护。

欠压保护：检测每个功率模块的直流母线电压，如果低于设定的数值，定时限特性应是起作用保护。

过热保护：应是包括两重保护：在变频调速系统柜体内设置温度检测，当环境温度超过预先设置的值时，应是发出报警信号。另外，在主要的发热组件，即如整流变压器和电力电子功率器件上放置温度检测，一旦超过极限温度（变压器180℃检视、功率器件100℃），定时限特性应是起作用保护。如电动机提供温度接点和温度仿真信号输送到PLC，应可进行电动机过热保护。

缺相保护：当变速推动器VSD输入侧缺相、输出侧缺相时，应是发出报警信号并执行保护。

光纤故障保护：当控制器与功率模块之间的连接光纤出现故障时，应发出报警信号并保护。

其他的保护：冷却风扇故障、控制电源故障等其他保护应是由承建商提供描述。

18）变速推动器VSD装置动力电源和控制电源应是分开供电，动力电源为取自变频调速系统内部的供电，控制电源独立于动力电源系统，控制电源采用交流400V。

19）当外部控制电源发生故障时，而变速推动器VSD不能立即停机的话，则变速推动器VSD应是自备蓄电池或UPS，保持运行0.5h 以上，以便维护人员处理电源故障。

20）当母线上电动机成组启动时，应是对变速推动器VSD运行不会造成不良的影响。当母线上最大一台电动机启动时，对变速推动器VSD运行应是无影响。

21）承建商应提供最新型号的变速推动器VSD装置，应详细说明其结构（包括元器件型号、隔离变压器结构及绝缘）以及主要元器件的供货商和产地。

22）变速推动器VSD装置的I/O端口应是能够可根据使用者的要求进行参数化。

23）在距离装置1m的范围内任何一个方向进行测试，所测得的装置（变频器电子构件单元、变压器、控制箱、风机等）噪声水平不应超过75dB。

24）变速推动器VSD装置应是能传送至厂区内PLC系统作遥远距离操作，并可对其进行远程/本地控制的平稳切换。

25）在输出频率调节范围内及各相负载对称的情况下，输出三相电压的不对称度不应超过5%，输出电压波动不应超过4%。承建商应叙述在符合国家标准的具体条件下（如温度、电压、负载或时间等）的变化范围内，输出频率的稳定度及稳定数值。

26）变速推动器VSD装置控制系统采用开关量控制器，具有就地监控方式和远方监控方式。在就地监控方式下，通过变速推动器VSD上液晶人机界面控制屏，可进行就地人工启动变速推动器VSD、停止变速推动器VSD，可以调整转速、频率；功能设定、参数设定等应是采用中文。控制器显示屏至少设有交流输出电压、输出电流、输出频率、输出功率、转速等参数的数据显示。其他有需要显示的参数承建商是给予明确设定。

27）频率分辨率0.1Hz，过载能力110%额定负载电流，持续时间1分钟，140%额定负载电流，持续时间3s。

28）功率组件、电力电容及其他重要控制组件，应是采用优质产品，承建商应说明元器件的参数，使用寿命周期及后期维护或更换的费用情况。

29）整套变速推动器VSD控制装置，包括变压器、变频器电子构件单元等所有部件及内部联机一体化设计，只需连接11kV输入，中压输出、控制电源和监控线缆即可起用。

30）系统具有适合的抗干扰能力，能在电磁干扰、射频干扰及振动的环境中连续运行，且不降低系统的性能。距电子柜1.2m处以外使用大功率对讲机模拟做电磁干扰和射频干扰试验，应是不影响系统正常工作。

31）变速推动器VSD机柜的外壳防护等级，应是不小于IP30。

32）柜内元器件的安装应整齐美观，应考虑散热要求及与相邻组件之间的间隔距离，并应充分考虑电缆的引接方便，为保证检修人员检修方便，控制柜宽度不应小于800mm。

33）变速推动器VSD装置内部通信应是采用光纤线缆连接，以提高

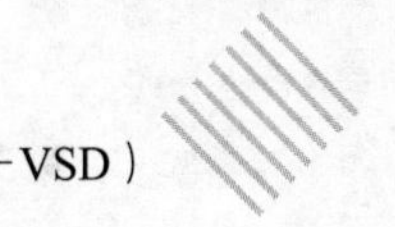

通信速率和电磁兼容性，变速推动器VSD柜内强电信号和弱电信号应分开布置，以避免干扰。

34）变速推动器VSD谐波成分不应对本体控制系统的就地控制柜造成影响。

35）变速推动器VSD内部的电容器应采用寿命长的薄膜电容，其寿命应不低于10年，其间电容器出现问题以及由此带来的其他问题承建商应予免费服务或更换，承建商应对此进行保证。

36）变速推动器VSD应是单独组柜安装（不靠墙）。

（5）变速推动器VSD与PLC的界面。

变速推动器VSD提供给PLC的开关量：

1）报警及故障信息：变压器超温、单元柜风机故障、控制电源失电、变速推动器VSD保护动作信息等；

2）调速装置的状态信息：待机状态、正常运行状态、故障状态等；

3）高压开关控制信号：高压合闸允许、高压开关紧急分断。其中"高压开关紧急分断"还直接提供给现场高压开关，直接实现跳闸保护。以上所有开关量采用无源节点输出，定义为节点闭合时有效。

变速推动器VSD提供给PLC的模拟量：

1）可提供4～20mA的电流源输出，带负载能力为500Ω。

2）仿真量信号和物理量实际大小的对应关系应是可由用户在调速装置上设定，每路模拟输出对应的物理量可以由技术监督部门从以下参量中选择：输出频率、给定频率、输入电流、输出电流、输入电压、输出电压、死循环给定值、实际回馈值。

PLC提供给变速推动器VSD的开关量：

1）高压开关信息：高压电源就绪。

2）远程的控制信号：启动、停机、紧急停机、开环运行、死循环运行（说明：调速装置的"远程控制"和"本地控制"由调速装置选择，当选定远程控制时，调速装置的控制权交给PLC控制系统）。

PLC提供给的变速推动器VSD模拟量：

1）该给定值应是可以为4～20mA的电流源信号（负载能力必须

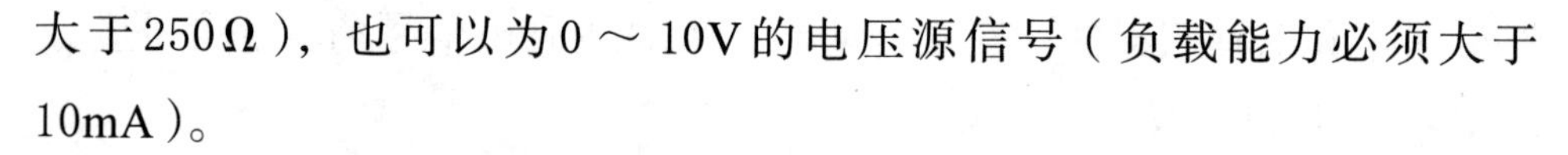
大于250Ω），也可以为0～10V的电压源信号（负载能力必须大于10mA）。

2）作为调速装置的转速给定值，4mA（或0V）对应0Hz，20mA（或10V）对应50Hz，呈线性关系。

5.4.3 MV－VSD技术规范

承建商应提交备有的高压变速推动器VSD技术规范见表5.9。

表5.9 VSD技术规范表

序号	名称	数值
1	使用标准	
2	型式及型号	
3	供货商及产地	
4	安装型式（靠墙/不靠墙）	
5	变速推动器VSD输入侧有无熔断器	
6	额定输入电压/允许变化范围	
7	额定输入频率/允许变化范围	
8	额定输入侧功率因子	
9	输入侧总谐波畸变电压THD_V百分率	
10	输入侧总谐波畸变电流THD_I百分率	
11	系统输出电压	
12	系统输出电流	
13	逆变侧最高输出电压	
14	变速推动器VSD效率	
15	可靠性指针（平均无故障工作时间/年）	
16	控制方式	
17	控制电源	
18	整流形式及组件参数	
19	逆变形式及组件参数	
20	电隔离部分是否采用光纤电缆	
21	噪声等级	
22	冷却方式	
23	冷却系统故障对变速推动器VSD的影响	

续表

序号	名　　称	数　　值
24	功率单元故障对变速推动器VSD出力的影响	
25	超载能力	
26	变压器损耗	
27	系统总损耗	
28	仿真量信号（输入）规格及数量	
29	仿真量信号（输出）规格及数量	
30	开关量信号（输入）规格及数量	
31	开关量信号（输出）规格及数量	
32	防护等级	
33	操作键盘	
34	接口语言	
35	变速推动器VSD装置外形尺寸（包括运输尺寸）	
36	变速推动器VSD装置重量	
37	屏前维护或屏后维护	
38	是否有输出滤波器	
39	需定期更换的元器件	
40	设备使用寿命	

5.4.4　试验

（1）概述。

用于合同执行期间对承建商所提供的设备（包括对分包外购设备）进行检验、监造和性能验收试验，以确保承建商所提供的设备符合技术文件规定的要求。

承建商应在本合同生效后1个星期内，向技术监督部门提供与本合同设备有关的监造、检验、性能验收试验标准。有关标准必须符合技术文件的规定。

（2）工厂的检验和监造。

技术监督部门有权派遣其检验人员到承建商及其设备供货商的车间场所，对合同设备的加工制造进行检验和监造。技术监督部门将为此目的而派遣的代表的身份以书面形式通知承建商。

如有合同设备经检验和试验不符合技术规范的要求，承建商须更换被拒收的货物，或进行必要的改造使之符合技术规范的要求，因此技术监督部门不承担上述的费用。

技术监督部门有对货物运到工程装置所在地以后进行检验、试验和拒收（如果必要时）的权利，不得因该货物在原产地付运以前已经由技术监督部门或其代表进行过监造和检验并已通过作为理由而受到限制。技术监督部门人员参加工厂试验，包括会签任何试验结果，既不免除承建商及其设备供货商按合同规定应承担的责任，也不能代替合同设备到达现场后技术监督部门对其进行的检验。

承建商在开始进行工厂试验前21天，须通知技术监督部门进行排程。根据这个安排，技术监督部门将确定对合同设备的那些试验方案和阶段要进行现场验证，并将在接到承建商关于安装、试验和检验的日程安排通知后5天内通知承建商，然后技术监督部门安排派出技术人员前往承建商及其设备供货商生产现场，以观察和了解该合同设备工厂试验的情况及其运输包装的情况。若发现任何一件货物的质量不符合合同规定的标准，或包装不满足要求，技术监督部门代表有权发表意见，承建商须考虑其意见，并采取必要措施以确保待运合同设备的质量，现场验证检验程序由双方代表共同协商决定。

若技术监督部门不派代表参加上述试验，承建商在接到技术监督部门关于不派员到承建商及其设备供货商工厂的通知后，或技术监督部门未按时派遣人员参加的情况下，自行安排检验。

（3）试验内容。

承建商应在本合同生效后1个月内，向技术监督部门提供设备的不低于技术文件要求的检验、性能验收试验标准。

工厂检验是质量控制的基本部分。承建商及设备供货商须进行厂内各生产环节的检验和试验。其检验记录和测试报告要作为交货时质量证明文件的组成部分，检验的范围包括原材料和元器件的进厂，部件的加工、组装、试验及出厂试验。承建商的检验结果应满足技术文件的要求，出厂验收前一周，承建商通知技术监督部门进行验收的准备，承建商应提供标准

的验收、试验列表，产品的厂内试验至少包括下列的方案：

1）绝缘试验。

2）仿真负载试验。

3）电压频率比试验。

4）频率调节范围试验。

5）连续运行试验。

6）启动性能试验。

7）保护性能试验。

承建商派出工程技术人员负责现场调试、投产的试验和检查，承建商应自行承担费用。若在试验和检查中发现组件、部件损坏，承建商应免费负责调换。机械结构损坏，承建商免费负责修理。

现场试验中应不少于以下项目：

1）电动机启动性能试验，测量变速推动器VSD的输出电流波形和幅值。

2）频率调节范围测试。

3）电动机振动测试。

4）电动机温度测试。

5）电动机噪声测试。

6）电动机、变压器等保护功能、传动性能测试。

7）节电效果测试。

8）功率因子测试。

9）静态精度测试。

10）输出电压不对称度测试。

11）变速推动器VSD输入输出三相相电压各次谐波，确定电压畸变率。

（4）技术服务。

设备在现场安装时，承建商应派人到现场指导安装，负责调试，并负责解决设备在安装、调试、试运行中发现的制造及性能表现等方面的问题，服务计划及安装、调试重要工序分别见表5.10、表5.11。

表5.10　　服务计划表

序号	技术服务内容	人数	时间	派出人员构成		备注
				职称	人数	
1	变速推动器VSD与现场接口设计					
2	变速推动器VSD现场就位安装技术指导					
3	变速推动器VSD现场调试					
4	变速推动器VSD试运行监护					

表5.11　　安装、调试重要工序表

序号	工序名称	时间/天	工序主要内容	备　注
1	变速推动器VSD内部安装			变速推动器VSD到现场的电缆、控制线及信号线由承建商负责，产品供货商完成变速推动器VSD柜内设备的安装和接线
2	控制系统调试			保证具备控制电源送电条件
3	主回路调试			具备高压送电条件
4	变速推动器VSD试运行			保证设备具备运行条件

承建商现场服务人员应具有下列要求：

1）遵守法律，遵守现场的各项规章和制度。

2）遵守企业纪律，按时到岗位。

3）须了解合同设备的设计，熟悉其结构，具有相同或类似机组的现场工作经验，能够正确地进行现场指导。

4）身体健康，适应现场工作的条件。

承建商要向技术监督部门提供服务人员情况表（表5.12），须更换不合格的设备供货商的现场服务人员。

表5.12　　服务人员情况表

姓　名	专　业	职　务	职　称
工作简历	包括参加了哪些工程的现场服务		

续表

姓　名	专　业	职　务	职　称
单位评价	单位（盖章） 年　月　日		

承建商派出的现场服务人员的职责：

1）承建商现场服务人员的工作主要包括设备催交、货物的开箱检验、设备质量问题的处理、指导安装和调试、参加试运和性能验收试验。

2）在安装及调试前，承建商技术服务人员应向技术监督部门转交所有技术数据，讲解及示范将要进行的程序和方法。对重要工序（表5.13），承建商技术人员要对施工情况进行确认和签署，否则技术监督部门不可进行下一道工序。经技术监督部门确认和签署的工序如因承建商技术服务人员指导错误而发生问题，承建商须承担所有责任。

表5.13　承建商提供的安装、调试重要工序表

序　号	工序名称	工序主要内容	备　注

3）承建商派出的现场服务人员应有权全权处理现场出现的一切技术和商务问题。如现场发生质量问题，承建商现场人员要在技术监督部门拟定的时间内处理解决。如承建商委托技术监督部门进行处理，承建商现场服务人员要发出委托书并承担相应的经济责任。

4）承建商对其派出的现场服务人员的一切行为负全部责任。

5）承建商现场服务人员的正常派驻及调换应事前与工程设施营运部门进行协商。

5.5　高压系统用直流辅助电源

5.5.1　直流屏组件配置

直流屏元器件配置按照图5.2所示指定的需要。

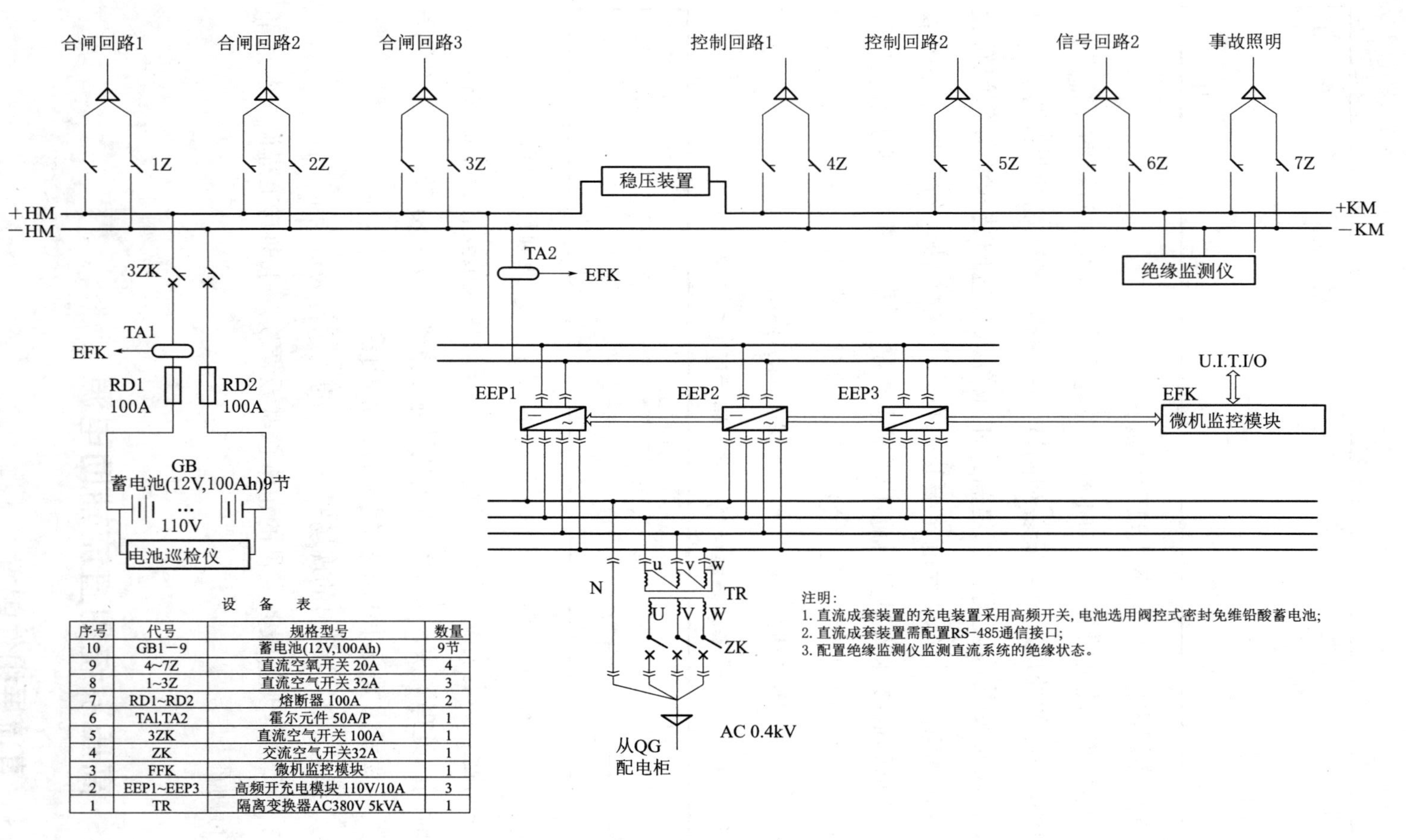

设　备　表

序号	代号	规格型号	数量
10	GB1－9	蓄电池(12V,100Ah)	9节
9	4~7Z	直流空氧开关 20A	4
8	1~3Z	直流空气开关 32A	3
7	RD1~RD2	熔断器 100A	2
6	TA1,TA2	霍尔元件 50A/P	1
5	3ZK	直流空气开关 100A	1
4	ZK	交流空气开关32A	1
3	FFK	微机监控模块	1
2	EEP1~EEP3	高频开充电模块 110V/10A	3
1	TR	隔离变换器AC380V 5kVA	1

注明：
1. 直流成套装置的充电装置采用高频开关，电池选用阀控式密封免维铅酸蓄电池；
2. 直流成套装置需配置RS-485通信接口；
3. 配置绝缘监测仪监测直流系统的绝缘状态。

图5.2　高压系统用直流辅助电源系统图

5.5.2　系统功能要求

（1）本泵站选用一套110V微机监控高频开关式直流电源系统，供控制、操作、保护等直流负荷。

（2）系统采用智能化高频开关式电源模块，按*N*+1备份，以模块并联的方式实现充电、浮充电功能。

（3）系统由微机处理器自动化监控管理各部协调工作，实现各项保护功能，并通过RS 485接口与泵站计算机系统通信，微处理器需具备调试接口。

（4）系统的微机控制单元采用屏幕液晶汉字显示屏，声光报警，可通过显示屏对蓄电池充电参数进行设置，并监视系统运行状态。

（5）系统设置电压变送器、电流变送器各一只，分别测控制母线电压、蓄电池电流，输出4～20mA仿真量，供计算机监控直流电压、直流电流。

（6）直流系统交流输入为400V±15%，频率为（50±5）Hz。三相交流电源无相序要求，并能发出缺相的声光告警及远方报警信号。

（7）系统应设置一台微机型绝缘监测装置。该装置应可以通过在线进行监测直流系统的绝缘状况。正常时，监测母线对地电压，正负母线对地电阻，自动巡检各支路碰地状态。支路或母线碰地时，具有声光报警功能，并显示接地支路及碰地电阻。应备有RS 232和RS 485接口，保证与直流系统控制单元的通信功能。

（8）系统应是设置一台微机电池巡检仪，能够动态测量电池容量；能够在线检测每节电池其动态放电测量电池内阻及负载能力等能力。应备有RS 485通信接口，保证能够与直流系统控制单元的通信。

（9）直流系统控制母线应采用单母线，设置具有AVR（自动调压）功能的调压硅链，馈线开关器应是采用性能可靠的直流空气开关。

（10）系统应选用一组100Ah阀控式免维护铅酸蓄电池，电池组共需9只蓄电池，每只电压应为12V。

5.5.3 系统性能技术要求

（1）稳压精度。

在恒压状态下，交流电压的规定范围内的变化，应在输出电流在（0.1～1.0）I_e范围内变化时，输出电压可在额定值的（0.9～1.3）U_e范围内任一点都保持稳定，其稳压精度不应超过0.5%。

（2）恒流精度。

在恒流状态下，在电网电压波动10%的范围内，输出电压在（0.9～1.3）U_e范围内时，直流输出电流应能在额定电流的20%～100%范围内任一点上保持稳定，其电流稳定精度不应超过0.5%。

（3）纹波系数。

在恒压状态下，交流电网电压在90%～100%额定电压范围内变化时，输出电流在（0.1～1.0）I_e范围内变化时，输出电压在额定值（0.9～1.3）U_e范围内，输出电压纹波系数不应超过0.5%。

（4）充电与浮充点转换。

1）应可通过微机控制器来设置电池浮充电压、平均充电电压、平均充电计时时间及平均充电计时电流值。

2）系统应具有自动和手动两种转换控制方式，在“自动”方式时，电池组放电结束时，系统能自动启动，完成充电→浮充电过程的转换。当电池组充电过程完成后，系统应按设定条件自动转入浮充电状态工作。

3）在进行浮充→充电自动转换时，转换电流动作精度值不应超过整定值0.5%；充电开始进入恒压阶段时，恒压动作值精度不应超过整定值0.5%。

4）若在交流停电时间超过10min，系统应能自动对电池进行一次均衡充电。

5）在均衡充电过程中，如遇交流失压，在交流恢复供电后，系统应能自动转入均衡充电状态。

（5）保护、声响/灯光报警。

1）过压、欠压保护的动作电压精度不应大于整定值的1%，其返回系

统过压不应小于98%，欠压不应大于102%。

2）设备具有完善的保护、声响/灯光报警信号等功能。如交流输入过/欠压、母线过/欠压、缺相、电源模块故障、重要位置熔断器（如电池回路）及空气开关跳闸等。其中之一起动作时，发出相对应报警信号，并可向远方传送信号。

（6）微机监控装置。

1）微机监控装置与电源模块应完全独立开来，即微机监控装置因故退出时，不会影响电源模块的各种功能，此时系统工作在电池浮充状态。

2）监控装置应能满足无人值班站对直流电源设备的要求：即如充电方式的自动转换、温度补偿、充电机自动投入、运行状态监视等。

3）能够向LCU提供直流系统运行状况的各种信号。即：系统运行状态：充电或浮充电，电源模块故障，交流故障等；母线运行状态：控制母线电压，控母过压、欠压等；电池组运行状态：电池电压电流、充电电流、浮充电流；重要馈线熔断器或空气开关状态；直流系统绝缘状态等。

4）能够向主站端提供直流系统运行的多种监视、报警信号：测量结果及各种监视、报警信号应可通过本地和远方通信监视；直流系统应具有遥测、遥信、遥调功能；直流系统应可通过使用键盘或其他装置设置口令，由专业人员进行特定参数的整定。

（7）电源模块。

1）充电模块配置：充电部分应采用多模块并联组合方式供电。充电机配置的电源模块数量必须满足（N+1）冗余备用的要求，即当任一个电源模块因故退出运行时，其他模块应能维持电池组的正常充电。

2）多个电源模块间的电流分配。在多台电源模块并联作为整体运行时，在稳压状态下，其总输出电流由各电源模块平均分担，当各输出电流大于或等于各模块额定电流之和的30%时，各电源模块输出的电流最大不平衡小于10%。

电源模块因故障退出运行时，其他模块能正常工作，并能在剩余模块间保持均流特性不变。此时，剩余模块间输出电流的最大不平衡小于10%。

充电运行：在充电状态下，按限流－恒压方式自动完成对电池组的充电、补充充电或均衡充电。

（8）温升。

各部位允许温升值应限制见表5.14。

表5.14　　各部位温升表　　单位：K

部　位	高频变压器线圈	高频变压器磁芯	高频电抗器线圈	工频电抗器线圈	工频电抗器磁芯
允许温升值	100	100	100	100	100
部　位	工频整流桥	高频整流桥	高频开关管	续流二极管	
允许温升值	70	70	80	70	

（9）噪声。

将设备中的充电浮充电装置调整到额定电流运行，在周围环境噪声不大于40dB的条件下，距设备（柜）前、后、左、右1m处，距地面高度为1m处，测得设备噪声应不大于60dB（A）。

（10）绝缘电阻值。

设备的各带电的导电电路分别对地（即金属框架）之间，以及电气上无联系的带电电路之间，用开路电压为500V的测试仪器，测定其绝缘电阻应不应小于10MΩ。

（11）介质强度。

设备的各带电的导电电路分别对地（即金属框架）之间，以及电气上无联系的各带电电路之间，应是能够承受2kV（有效值）、50Hz的交流试验电压或直流电压3kV，历时1min，而无击穿或闪烁现象。

（12）冲击电压。

设备的各带电的导电电路分别对地（即金属框架）之间，以及电气上无联系的各带电电路之间，应能承受冲击电压波形为标准雷电波，幅值为5kV的试验电压，此后无绝缘损坏。在检验过程中，允许出现不导致绝缘损坏的闪络现象。

（13）承受衰减震荡波脉冲干扰能力。

设备应能承受频率为100kHz的衰减震荡波，第一半电压幅值共模为

2.5kV，差模为1kV的试验电压，设备应能正常工作。

（14）环境温度变化对性能的影响。

在温度为－10～45℃环境条件下，设备的各项功能应能够正常地工作，各主要指标落在规定的范围之内。

（15）承受快速瞬变干扰能力。

根据IEC 60255—22—4标准，向被试设备的被试回路加入规定严酷等级的干扰脉冲群，设备应能够正常地工作。

（16）承受静电放电干扰能力。

根据IEC 60255—22—2标准，被试设备施加规定的激励量，按规定的严酷等级向被试设备的规定部位施加静电放电干扰，设备应能够正常地工作。

（17）承受辐射电磁场干扰能力。

根据GB/T 14589.9标准，将被试设备置于规定的频率范围和场强的辐射电磁场中，并施加规定的激励量，设备应能够正常地工作。

（18）耐湿热性能。

设备在最高温度40℃的环境中，按交替湿热试验程序和试验方法，试验两个周期（48h）后，用开路电压为500V的测试仪器，测定各规定部位的绝缘电阻不应小于0.5MΩ，并能承受介质强度电压的75%，而无击穿或闪烁现象。

（19）充电装置的效率应大于90%。

（20）结构及外观要求：

1）屏架外形应按照标示于设计图纸示意要求的尺寸范围内。

2）屏结构设计应考虑组件安装、配线以及运行和维修的要求。

3）安全接地设施并确定保护电路的连续性，接地连接处应有防锈、防污染的措施，接地处应有明显的标志。

4）对电流、电压测量回路应具有工作情况互换或检验的设施。

5）屏架组装后应整洁美观，各焊口应无裂纹、烧穿、咬边、气孔、夹渣等缺陷。

6）各紧固连接处应牢固、可靠、所有紧固件应具有防腐性镀层。

5.5.4　试验

（1）出厂试验。

1）一般检查。

2）绝缘试验。

3）蓄电池组容量试验。

4）事故放电能力试验。

5）负荷试验。

6）稳流精度试验。

7）稳压精度试验。

8）纹波电压测量。

9）充电、浮充电装置限流保护试验。

10）电压调整装置试验。

11）整流器模块并机均流试验。

12）整流器模块N+1热备份试验。

13）微机充电程序试验。

14）微机交流电源中断程序试验。

15）遥测功能试验。

16）遥信及报警功能试验。

17）遥控功能试验。

18）蓄电池组检测装置功能试验。

19）噪声试验。

20）抗高频干扰性能试验。

21）电网侧谐波测量。

（2）现场试验。

1）外观检查、绝缘测定及电气强度试验。

2）柜内仪表、组件校验及电气接线回路检查。

3）稳流、稳压精度试验。

4）声光报警保护功能检测。

5）电压调整试验。

6）均流检测。

7）自动/手动切换试验。

8）充电模块试验。

9）波纹系数检测。

10）直流系统开环运行指导试验。

11）自动/手动的自动切换试验。

12）监控模块功能检测。

5.6 高压线路电缆

5.6.1 一般规定

本工程设定的是最低限度的技术要求。凡说明中未规定，但在相关设备的行业标准、国家标准或IEC标准中有规定的规范条文，承建商应按相应标准的条文进行设备设计、制造、试验和安装。对国家有关安全、环保等的强制性标准，必须满足其要求。

承建商应拥有权威机构颁发的ISO 9000系列认证证书或等同的质量保证体系认证证书；应提供国家或澳门认可的专业检测机构出具的不超过五年的与所招标型号相同/等同的电力电缆附件型式试验报告，型式试验报告中电缆附件截面的有效范围应覆盖本次招标电缆的截面，报告应由具有资质的第三方权威检测机构出具。

承建商应在合同签订后尽快向设备制造商提交一份详细的生产进度表。这份生产进度表应以图表形式说明设计、试验、材料采购、制造、工厂检验、抽样检验、包装及运输，包括对每项工作及其过程足够详细的全部细节，并有能力履行本工程设备维护保养、修理及其他服务义务的文件。

5.6.2 说明书和试验报告的相关要求

（1）技术资料和图纸的要求。

如有必要，工作开始之前，承建商应提供一份文件并经技术监督部门批准。对于技术监督部门为满足本部分的要求直接做出的修改，承建商应重新提供修改的文件。

承建商应在生产前1个月（特殊情况除外）将生产计划通知技术监督部门，如果技术监督部门在没有得到批准文件的情况下着手进行工作，技术监督部门应对必要修改发生的费用承担全部的责任，文件的批准应不会降低产品的质量，并且不因此减轻承建商为提供合格产品而承担的责任。

承建商应在试验开始前1个月提交详细试验安排表。

（2）产品说明书。

1）提供电缆的结构型式的简要概述及照片。

2）说明书应包括下列各项：型号、结构尺寸（附结构图）、技术参数、适用范围、使用环境、安装、维护、运输、保管及其他需注意的事项等。

（3）试验报告。

1）提供电缆的出厂试验报告。

2）提供与所招标型号相同/等同的电力电缆的型式试验报告。

3）需要时提供特殊试验报告，如阻燃试验、防白蚁试验等。

5.6.3 遵循的技术标准与规范

《高压输变电设备的绝缘配合 第1部分：定义、原则和规则》（GB 311.1—2012）

《电缆和光缆绝缘和护套材料通用试验方法》（GB/T 2951—2008）

《电线电缆电性能试验方法》（GB/T 3048—2007）

《电缆的导体》（GB/T 3956—2008）

《电线电缆识别标志方法 第1部分：一般规定》（GB 6995.1—2008）

《电线电缆识别标志方法 第3部分：电线电缆识别标志》（GB 6995.3—2008）

《局部放电测量》(GB/T 7354—2018)

《额定电压1kV(U_m=1.2kV)到35kV(U_m=40.5kV)挤包绝缘电力电缆及其附件 第2部分：额定电压6kV(U_m=7.2kV)到30kV(U_m=36kV)电缆》(GB/T 12706.2—2008)

《额定电压1kV(U_m = 1.2kV)到35kV(U_m = 40.5kV)挤包绝缘电力电缆及其附件 第4部分：额定电压6kV(U_m = 7.2kV)到35kV(U_m = 40.5kV)电缆附件试验要求》(GB/T 12706.4—2008)

《电力电缆导体用压接型铜、铝接线端子和连接管》(GB 14315—2008)

《额定电压6kV(U_m = 7.2kV)到35kV(U_m = 40.5kV)电力电缆附件试验方法》(GB/T 18889—2002)

《阻燃和耐火电线电缆通则》(GB/T 19666—2005)

《额定电压35kV(U_m = 40.5kV)及以下电力电缆热缩式附件技术条件》(DL/T 413—2006)

《额定电压6kV(U_m = 7.2kV)到35kV(U_m = 40.5kV)挤包绝缘电力电缆冷缩式附件 第1部分：终端》(JB/T 10740.1—2007)

《额定电压6kV(U_m = 7.2kV)到35kV(U_m = 40.5kV)挤包绝缘电力电缆冷缩式附件 第2部分：直通接头》(JB/T 10740.2—2007)

《电缆载流量计算》(JB/T 10181—2014)

《电缆定额电流的计算》(IEC 60287)

5.6.4 使用特性

(1)额定电压。

额定电压U_0/U为8.7/15kV，系统允许最高电压为17.5kV，使用频率为50Hz。

注：导体对地或金属屏蔽之间的额定工频电压(U_0)为8.7kV。

(2)使用条件。

本温排水泵站采用的11kV线路电缆，承建商应保证对所提供的设备不仅要满足本工程技术规格的要求，而且还应对在实际安装地点的外部条件下（如环境温度、海拔、污秽等级、敷设条件等）的相关性能参数进行校验、核对，使所供设备满足实际外部条件要求及全工况运行要求。

（3）敷设条件。

1）敷设环境可有沟槽、排管、沟道、桥架及托盘等多种方式。

2）电缆敷设时环境温度不低于0℃。

（4）运行要求。

1）电缆导体的最高额定运行温度应为90℃。

2）短路时（最长持续时间不超过5s）电缆导体最高温度为250℃。

3）电缆的弯曲半径见表5.15。

表5.15　　　　电缆弯曲半径表

项目	单芯电缆		三芯电缆	
	无铠装	有铠装	无铠装	有铠装
安装时电缆最小弯曲半径	20*D*	15*D*	15*D*	12*D*

注　*D*为电缆外径。

5.6.5　技术要求

高压配电柜至高压变速推动器VSD柜以及MV－VSD装置柜到各电动机的线缆应是采用YJV22—8.5/15kV交联聚乙烯绝缘钢带铠装聚氯乙烯护套电力电缆，敷设方式采用镀锌钢托盘。

（1）电缆结构。

电缆结构除符合GB/T 12706.2—2008的规定外，还应满足以下要求。

1）导体。

导体表面应光洁、无油污、无损伤屏蔽及绝缘的毛刺、锐边，无凸起或断裂的单线。导体应为圆形单线绞合紧压导线，紧压系数不小于0.9。铜导体材料为符合GB/T 3956—2008 的第一种或第二种裸退火铜导体（铜的纯度不小于99.9%），铜导体单线必须采用TR型软铜线，每一根导体20℃时的直流电阻应不超过GB/T 3956—2008 规定的相应的最大值。铝导体采用电工铝（导电率不小于61%IACS）。导体截面与标称截面不得出现负偏差。

2）挤出交联工艺。

导体屏蔽、绝缘、绝缘屏蔽应采用三层共挤工艺，全封闭化学交联。应注明交联工艺全过程是否配置偏心度测量装置。

3）导体屏蔽。

导体屏蔽由半导带和挤包半导电层复合组成，先绕包半导电带，然后再挤入半导电层屏蔽。挤包半导电层应均匀地包覆在导体上，与绝缘紧密结合，表面光滑，无明显绞线凸纹，不应有尖角、颗粒、烧焦或擦伤的痕迹。在剥离导体屏蔽时，半导电层不应有卡留在导体绞股之间的现象。导体屏蔽电阻率不超过1000Ω·m，导体屏蔽标称厚度应为0.8mm，最薄处厚度不小于0.7mm。标称截面500mm^{2}及以上电缆导体屏蔽应有半导电带和挤包半导电层复合组成。

4）绝缘。

电缆选用交联聚乙烯（XLPE）绝缘电缆，绝缘标称厚度为4.5mm，绝缘厚度平均值应不小于标称值，任意点最小测量厚度应不小于4.05mm，三层共挤后偏心度不应大于8%。其中，最大绝缘厚度和最小绝缘厚度为同一截面上的测量值。

5）绝缘屏蔽。

绝缘屏蔽为挤包的可剥离半导电层，半导电层应均匀地包覆在绝缘上，表面应光滑，不应有尖角、颗粒、炼焦或擦伤的痕迹。绝缘屏蔽宜为可剥离型，绝缘半导电层的标称厚度为0.8mm，绝缘屏蔽电阻率不大于500Ω·m。三芯电缆半导电层与金属层之间应有沿缆芯纵向的相色（黄、绿、红）标志带，其宽度不应小于2mm。绝缘线芯的识别标志应符合《电线电缆识别标志方法 第5部分：电力电缆绝缘线芯识别标志》（GB/T 6995.5—2008）的规定。

6）金属屏蔽。

金属屏蔽采用铜丝屏蔽或铜带屏蔽。金属屏蔽的标称截面应满足短路电流容量要求。绕包应圆整光滑，无氧化现象。三芯屏蔽应互相接触良好。导体截面面积为500mm^{2}及以上电缆的金属屏蔽层应采用铜丝屏蔽构成，其他可用铜带构成。铜带、铜丝导电率应与铜导体导电率相当。铜

带、铜丝的连接应采用电焊或气焊，保证连接可靠，不得采用锡焊或机械搭接，并满足短路温度要求。

铜丝屏蔽由疏绕的软铜线组成，其表面应用反向绕包的铜丝或铜带扎紧，相邻铜丝的平均间隙应不大于4mm，任何两根相邻铜丝间隙应不大于8mm。铜丝外应有铜带或扁铜丝反向扎紧。

铜带屏蔽由一层重叠绕包的软铜带组成，也可采用双层铜带间隙绕包。铜带间的平均搭盖率应不小于20%，铜带的最小厚度应不小于标称值的90%。

铜带标称厚度应按下列要求选用：①单芯电缆：≥0.12mm；②三芯电缆：≥0.10mm。

7）填充及隔离套。

缆芯采用非吸湿性材料PVC绳或网状聚丙烯填充，应紧密无空隙。缆芯中间也应填充，三芯成缆后外形应圆整。

内衬层的材料应适合电缆的运行温度和电缆材料相兼容，可采用聚氯乙烯、聚乙烯或半导电材料，其标称厚度应符合GB/T 12706.2—2008 第8章规定，缆芯在挤包内衬前可采用合适的带子以间隙螺旋的方式绕包扎紧。填充物的机械性能应能满足正常运行的要求。

选用挤包内衬层，采用非吸湿材料，挤包内衬层厚度符合GB/T 12706.2—2008的要求。用于内衬层和填充物材料应适合电缆的运行温度，并和电缆绝缘材料相兼容。

8）装甲。

三芯电缆金属铠装应采用双层镀锌钢带或涂漆钢带螺旋绕包，绕包应圆整光滑。铠装金属带标称厚度应符合GB/T 12706.2—2008的要求。单芯电缆金属铠装是用不锈钢带或者铝带，不允许用钢带。

9）外护铠皮。

外护铠皮采用聚氯乙烯或聚乙烯料挤包，厚度平均值应不小于标称值，任意点最小厚度应不小于标称值的90%。外护铠皮外观应圆整、平滑、无损伤。

若有防蚁、防水要求，电缆外护铠皮采用聚乙烯（PE－ST7）材料，可选用中密度PE（MDPE）或高密度PE（HDPE）铠皮；在空气中敷设的电缆可采用难燃聚氯乙烯（PVC－ST2）材料防护。应有良好的防腐蚀、防蚁、防潮和阻燃性能，其中：电缆的防蚁性能应满足GB 2951.38—1986根据蚁巢法达到I级蛀蚀等级；“退灭虫”防蚁护套的绝缘水平应符合DL 401的规定。

外护层应符合GB 2952—2008的规定；绝缘水平应符合DL/T 401—2002的规定。

10）电缆不圆度。

电缆不圆度应不大于15%。

电缆不圆度=（电缆最大外径－电缆最小外径）/电缆最大外径×100%。

11）电缆阻燃要求。

在空气中敷设的电缆的防火性能是满足GB/T 18380—2008的要求。电缆用防火阻燃材料产品的选用，应符合下列规定：①电缆的阻燃特性和技术参数应符合GB/T 19666—2005的有关规定；②防火涂料、阻燃包带应分别符合现行国家标准《电缆防火涂料通用技术条件》（GA 181—1998）和《电缆用阻燃包带》（GA 478—2004）的有关规定；③用于阻止延燃的材料产品，除上述第2款外，尚应按等效工程使用条件的燃烧试验满足有效的自熄性；④用于耐火防护的材料产品，应按等效工程使用条件的燃烧试验满足耐火极限不低于1h的要求，且耐火温度不宜低于1000℃；⑤采用的材料产品应适用于工程环境，并应具有耐久可靠性。

12）电缆金属护层的接地。

三芯电缆的金属层，应在电缆线路两端和接头等部位实施接地。可在单相碰地故障时作短时运行，接地故障时间不应超过1h。电缆允许更长的带故障运行时间，但在任何情况下不应超过8h，每年接地故障总持续时间不应超过125h。

成品电缆的表面应有制造厂名、产品型号及额定电压的连续标

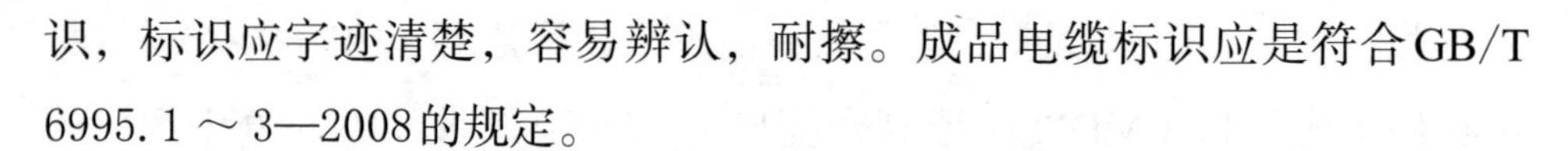

识，标识应字迹清楚，容易辨认，耐擦。成品电缆标识应是符合GB/T 6995.1～3—2008的规定。

一个完整的电缆标识包括产地标志、功能标识、长度标识和日期标识：

a. 产地标识：主要指绝缘线的制造厂或商标。

b. 功能标识：主要指绝缘线的型号和规格。

c. 长度标识：表示成品绝缘线的长度标识。

d. 日期标识：主要指绝缘线的制造日期。

电缆标识要求包括：

a. 颜色要求：标志颜色应能确认符合或绝缘导线识别用的标准颜色，如白色、红色、黑色、黄色、蓝色、绿色、橙色、灰色、棕色、青绿色、紫色和粉红色。

b. 位置要求：成品绝缘导线应在护套或绝缘表面上连续标志产地标识、功能标识、长度标识和日期标识。

c. 印刷要求：标识印刷应采用油墨印刷、压印和激光印刷之中的一种。

d. 距离要求：电缆标识在绝缘或护套上时，一个完整标识的末端和下一完整标识的始端之间的距离应不超过500mm。长度标识的距离为1m 1个。

e. 清晰度要求：数字标识应字迹清楚。

f. 耐擦性要求：数字标识应耐擦，擦拭后的标识仍保持不变。

（2）电缆附件。

电缆附件性能除符合GB/T 12706.4—2008的规定外，还应满足以下要求：

1）不接受在现场绕包制作的电缆终端和接头。

2）电缆附件应配套齐全，必须包括金具、绝缘件、配套材料、清洁剂和特殊安装工器具。

3）三芯铠装电缆所用终端应配备两条接地线，接头应配备两条跨接线。

4）清洁剂应无毒、易挥发，不与绝缘屏蔽相溶。

5）户外终端所用外绝缘材料应具有抗大气老化和耐电蚀及耐漏电痕性能。

6）热缩式接头绝缘管不得超过两层。

7）连接金具的材质必须满足GB 14315—2008标准第六条第一款的规定。

a. 铝材应不低于GB 3190二号工业纯铝（L2）的规定，铜材应不低于GB 5231二号铜（T2）的规定；

b. 金属件应镀锡，户外终端用金属件不得使用管材压制而成，铝导线和铜排连接时，应使用铜铝过渡端子；

c. 导体连接金属件的外径必须与压接模相配合，保证可靠压缩比；

d. 应明确其压接模与连接金属件的外径的配合，压接后的连接金属件必须符合GB 9327—2008。

5.6.6 试验

对于电缆及电缆附件的试验及检验应按照相关标准及规范进行试验。试验应是在制造厂或技术监督部门指定的检验部门完成。所有试验费用应由承建商承担。

（1）工厂试验。

常规测试应包括：

1）导体电阻试验。

2）绝缘电阻。

3）高压试验。

4）长度量度。

特别试验：部分放电试验（对于高过1kV的电缆）。

（2）交付使用前试验。

1）检查电缆相线的所有芯线导体的连续性。当电缆有接驳口时，检查接驳后的相位。

2）绝缘电阻试验。电缆端接完成之后进行的绝缘试验应是使用兆欧表及优先按照下列要求的手法激活兆欧表：

电缆的服务试验电压的最低值：①额定电压为600/1000V的电缆，1000V 50MΩ；②额定电压为1000V以上的电缆，5000V 200MΩ。

当电缆接有接驳口时，在进行连接之前及之后检查绝缘电阻值。连接之后的绝缘电阻值不应低过连接之前。

试验之前确证拿开指示灯及电压表电路的熔断器，试验之前断开如果连接有的电涌释放器（SPD）的连接。

3）电缆高压试验。

额定电压3000V或以上的电缆安装之后应使用下列电压进行直流高压试验：①3.3kV电缆，20kV；②6.6kV电缆，30kV；③11kV电缆，40kV；④22kV电缆，70kV。

从设备断开电缆的连接，因为设备可能承受不了（直流）试验电压，且接驳端口需要有足够的静空。所有不进行试验的导体及屏蔽层应接地。电压施加在导体及金属质屏蔽层之间。

直流试验电压应逐级从0提升至等于电缆的相－相之间最大现场试验电压值。

最大现场试验电压应是保持至少15min连同每隔1min记录一次其泄漏电流。如果泄漏电流开始上升，应立即降低电压及暂停（直流）试验及通知技术监督部门或相关部门。

所有（直流高压）试验步骤其计算泄漏电阻都超过200MΩ的电缆考虑为合格的电缆。

4）（直流）试验之前及之后演示绝缘试验。

若技术监督部门或相关部门批准，可使用交流电压试验替代（直流）试验，演示如下：

施加5min最高交流试验电压：①3.3kV电缆，5kV；②6.6kV电缆，9kV；③11kV电缆，15kV；④22kV电缆，30kV。

若电缆接有接驳口时，接驳之后进行（绝缘/高压）试验。

5.6.7 技术服务及竣工验收

（1）技术服务。

在工程现场的服务人员称为承建商的现场代表。在产品进行现场安装前，承建商应提供现场代表名单、资质，供技术监督部门认可。

承建商的现场代表应具备相应的资质和经验，以督导安装、负责调试、投运、培训等其他各方面，并对施工质量负责。

当技术监督部门认为承建商的现场代表的服务不能满足工程需要时，可取消对其资质的认可，承建商应及时提出替代的现场代表供技术监督部门认可，承建商承担由此引起的一切费用。因下列原因而使现场服务的时间和人员数量增加，所引起的一切费用由承建商承担：

1）施工质量等原因。

2）现场代表的健康原因。

3）承建商自行要求增加人数或服务时间。

（2）竣工验收。

每盘电缆都应附有产品质量量验收合格证和出厂试验报告。电缆合格证书应标示出生产该电缆的绝缘挤出机的开机顺序号和绝缘挤出顺序号。

承建商与技术监督部门双方联合进行到样后的包装外观检查和产品结构尺寸检查验收。如有可能，承建商与技术监督部门双方联合按有关规定进行抽样试验。

5.6.8 电缆载流量的参考

（1）常用电力电缆允许持续载流量可按表5.16进行选择。

表5.16　三芯交联聚乙烯绝缘铜芯电缆允许持续载流量表

额定电压/kV	3.6/6～12/20	18/20～26/35	3.6/6～12/20	18/20～26/35
导体截面/mm²	电缆在自由空气中敷设时/A		电缆在土壤中埋地敷设时/A	
1.5				
2.5				
4				
6				

续表

额定电压/kV	3.6/6～12/20	18/20～26/35	3.6/6～12/20	18/20～26/35
导体截面/mm^2	电缆在自由空气中敷设时/A		电缆在土壤中埋地敷设时/A	
10				
16				
25				
35	151		141	
50	184	163	168	146
70	232	208	207	181
95	282	252	245	215
120	323	293	279	244
150	369	338	316	276
185	420	386	353	310
240	496	455	410	358
300	578	525	465	402
400	649	592	506	453
环境温度/℃	40	40	25	25
土壤热阻系数/[（K·m）/W]				
导体最高工作温度/℃				

注 1. 埋地敷设适用于电缆直埋或穿管埋设。
2. 6kV及以上载流量值为参考数据。

（2）不同敷设条件时电缆允许持续载流量校正系数可按表5.17和表5.18进行选择。

表5.17 35kV及以下电缆在不同环境温度下持续载流量校正系数表

环境温度/℃	30	35	40	45	20	25	30	35
导体最高工作温度/℃	空气中				土壤中			
65	1.18	1.09	1.00	0.89	1.06	1.00	0.94	0.87
70	1.15	1.08	1.00	0.91	1.05	1.00	0.94	0.88
80	1.11	1.06	1.00	0.93	1.04	1.00	0.95	0.90
90	1.09	1.05	1.00	0.94	1.04	1.00	0.96	0.92

注 其他环境温度下持续载流量的校正系数K可按下式计算：

$$K=\sqrt{\frac{\theta_m-\theta_2}{\theta_m-\theta_1}}$$

式中 θ_m——导体最高工作温度，℃；

θ_1——对应于额定持续载流量的基准环境温度，℃；

θ_2——实际环境温度，℃。

表5.18　多回路电缆成束敷设时电缆持续载流量校正系数

敷设方式		托盘数	回路数或多芯电缆数									
			1	2	3	4	5	6	7	8	9	≥10
敷设在墙、地板、无孔托盘上	无间距	1	1.00	0.85	0.79	0.75	0.73	0.72	0.72	0.71	0.70	0.70
敷设在有孔托盘上	无间距	1	1.00	0.88	0.82	0.79	0.76	0.73	0.73	0.72	0.72	0.72
		2	1.00	0.86	0.80	0.77		0.73			0.68	
		3	1.00	0.86	0.78	0.76		0.71			0.66	
	2*d*	1	1.00	0.98	0.96	0.95		0.91			—	
		2	0.97	0.93	0.89	0.87		0.85			—	
		3	0.96	0.92	0.86			0.85			—	
敷设在梯架上	无间距	1	1.00	0.87	0.82	0.80	0.80	0.79	0.79	0.78	0.78	0.78
		2	1.00	0.86	0.80	0.78		0.76			0.73	
		3	1.00	0.85	0.79	0.76		0.73			0.70	
	2*d*	1	1.00	1.00	1.00	1.00	—	—				
		2	0.97	0.95	0.93	—		—	—	—	—	—
		3	0.95	0.94	0.90	0.96	—	—				

注　1.本表适用于2根或3根单芯组成的电缆束，以及多芯电缆。

2.本表适用于尺寸和负荷相同的电缆束。

3.*d*为电缆外径。相邻电缆的水平间距大于2*d*时，则不需要校正。

4.本表适用于两个托盘间垂直间距300mm、托盘与墙距大于20mm的情况。

5.7　低压配电系统

5.7.1　一次系统图

泵站低压配电一次系统图如图5.3所示。

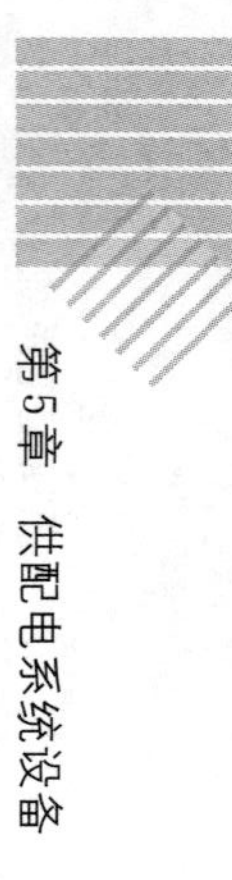

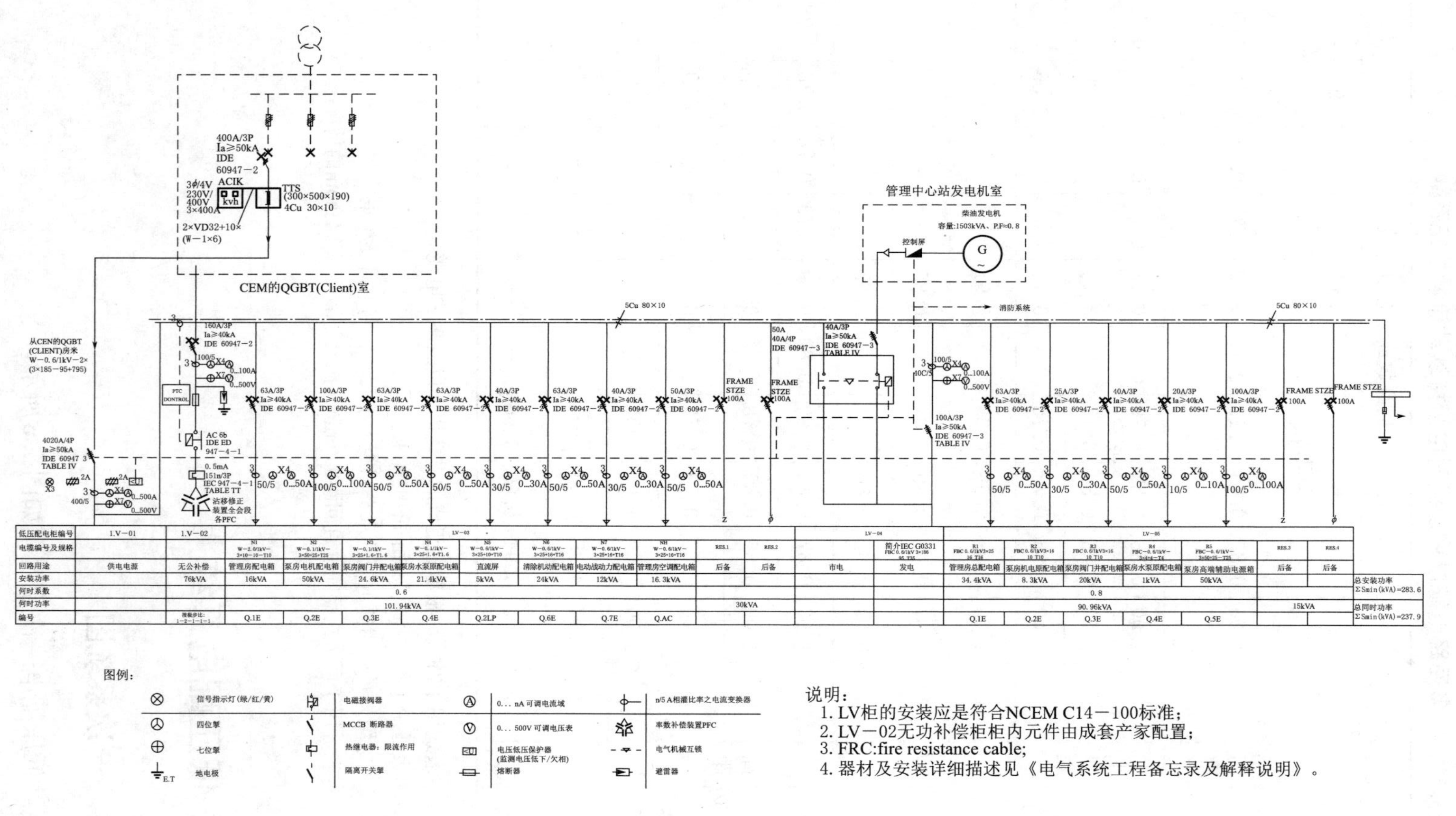

图5.3　低压配电一次系统图

5.7.2 一般说明

（1）一般电源。

本泵站的低压电力供应是经由一条源自公共电网的进线，以400V/230V、三相四线，以及中性点直接接地、接驳到低压开关柜的公共责任接入点处开始。

本泵站设计所有的低压用电的安装功率为

$$\sum S_{inst} = 283.6\text{kVA}$$

低压用电的同时功率：

$$\sum S_{sim} = 237.9\text{kVA}$$

而契约容量则考虑为237.9kVA。按照供电部门电表功率容量级别，申请一个三相四线，230/400V，功率为270kVA（3×400A）的千瓦时计量代表。

在条件具备的情况下，技术监督部门应采用从公共电网不同变压站来电的双进线方式，以确保低压供电具有与高压供电相当的可靠性。

（2）安全电源。

承建商必须按照澳门特别行政区适用的法律法规设计、供应及建造低压电力后备供电的安全电源装置，以防备公共电网的低压供电一旦出故障时保持包括站内消防系统及重要电路的供电。此安全电源的连续运行功率应不低于150kVA，并提供不少于2小时或更长时间的供电。

5.7.3 电气防护

5.7.3.1 电击防护措施

（1）防止直接触电。

除了实施国家制定的与此有关的规范之外，同时必须完全执行《电力分站、变压站及隔离公站安全规章》第5、21、22、45、63、64、76、77、78及79条规定内的适用部分。

1）设置保护挡板隔开带电部分。

2）以绝缘板适当地遮蔽带电部分，并能够长时间地工作而不会降低性能。

3）若作为装置的带电部分不能隔开一定距离的话，则要防止手动操作人员接近此带电部分。

4）所使用的绝缘板或保护挡板应符合电气装置应用条件。

（2）防止间接触电。

1）自动切断供电方式保护。

当采取TN－S接地方案时，低压用电装置中所有外露可导电部分应使用保护导体与供电侧的接地点连接一起，此保护导体应在变压器或发电机处或其附近接地。为了保证正常状况下甚至故障时保护导体的电位长期保持地电位，尽可能把保护导体多点接地。

装置内任何点处发生相线导体与保护导体、或装置的外露可导电部分之间阻抗可忽略的（触碰）故障时，要求在不超过特定时间内起到保护器件自动切断供电的作用，应检视下列条件如果：

$$Z_s \times I_a \leqslant U_0$$

式中　Z_s——故障环路阻抗，包括供电电源端、带电导体至故障点及故障点至供电电源端之间的保护导体，Ω；

I_a——使得保有IEC 60364表41A给出的时间内自动切断故障电流（即相对地电压230V时为0.4s），或对于只是供电予配电箱、配电电路或固定器具的最终电路，可在超过0.4s但是不超过5s的条件下，使自动切断器能够起动作的电流，A。

若$U=U_0$（相与地之间的制定电压）即230V，则符合IEC 60364—4—413.1.3.3所指的电压值；及若$U=50V$则符合IEC 60364表41GA给出的“预期接触电压下的最长持续时间”所指的电压值。

按照IEC 60364表41GA给出的“预期接触电压下的最长持续时间”的数值，持续时间5s应为不超过50V接触电压。

当要同时符合上述在0.4s之内或5s之内保护器件能够有保护动作，则必须满足下述条件：

$$Z_s \times I_a \leqslant 50V$$

这时I_a为提供自动操作的保护器件的电流值，当器件是差分－剩余电流开关器RCD（即如满足IEC 61008规定的器件等）时，I_a是差分－剩余电流制定值$I_{\Delta n}$；而当器件是具反时限特征的过电流保护器件（即满足IEC 60947—/IEC 60898规定的器件等）时要确保不超过5秒起作用的电流，或当器件是具瞬时动作特征的过电流保护器件（即满足IEC 60269规定的gG型号器件等）时要确保实时起作用的电流。

当包括插座电路及接驳移动器具的最终电路时，则应是使用剩余电流制定值$I_{\Delta n}$不大于30mA的剩余电流开关器RCD加以保护，并确保0.4秒之内自动切断。

2）总等电位联结。

建筑物内应把以下的装置外部可导电部分（导电性构件）与总等电位联结：

a. 总保护导体。

b. 总接地导体或总接地端口。

c. 处于建筑物内的金属质供应管路（例如水管或气管）。

d. 建筑结构的金属质元构件及诸如空气调节用金属质槽管道等。

e. 按照IEC 61024—1标准的规定，建筑物的雷击接地系统应接驳至总等电位联结。

当这些装置外部可导电部分来自建筑物外部时，这些联结是在进入点位置处进行；任何通信电缆的金属铠皮应与等电位联结，但应得到所有者或营运者的同意。

3）辅助等电位联结。

当带电部分与外露可导电部分之间出现故障时，应设有自动分开供电电路或设备的保护器件。当不能确保接触电压是≤50V a. c. 及≤120V d. c. 及在不超过5s时间内能够自动地切断供电时，应采取辅助等电位联结措施。

把所有能够通达接近的、不论是固定设备的外露的、或是外部的可导电部分互相连接进行辅助等电位联结，而且尽可能地连接建筑结构混凝土的主钢筋。所有设备的所有保护导体，包括插头及插座，应接驳到等电位系统。

若是以下情况时则可能不需要进行辅助等电位联结：

a. 建筑基础是非－绝缘性的且不可能把其连接到等电位联结的。

b. 确证不会传递外面电位的外部可导电部分（例如机械通风装置的栅网）。

c. 确证各外露可导电部分或外部可导电部分之间不会出现超过约定限值电压 U_L=50V及持续时间超过5s的接触电压。

使用的导体规格及线径应符合IEC 60364—5—547.1.2的规定及相关图则所示。

5.7.3.2　过电压防护

（1）本场所电气装置可能会遇到以下的过电压状况：

1）源自同一场所高压装置发生碰地故障的过电压。

2）源自电气装置内部设备产生的操作过电压。

3）源自供配电网络引入的大气瞬态过电压。

（2）高压装置发生碰地故障的过电压防护。

在TN－S接地方案下同一场所内的高压装置发生碰地故障时，会造成电压较低的用电装置的外露可导电部分带电，因此在此等场所内的装置采取连接辅助等电位联结措施，以消除这些故障引起的接触电压。

（3）源自供配电网络的过电压防护。

由于可能存在配电网络的合闸、断闸、故障造成的瞬态过电压，应在电源源头处安装符合TN－S方案接地的过电压等级Ⅳ（6kV）的电涌保护器件SPD。

（4）源自雷击的过电压防护。

由于低压进线是经由敷地电缆接入及建筑物内的外部影响不大于AQ1，除非另有要求，按照IEC 60364—4—443.2所述，在电源源头处不需要安装任何附加的过电压防护装置，因为瞬态过电压大致上已减小。

5.7.3.3　低电压保护

除了设施的操作人员具备足够的经验及资格以应付可能存在的电压低

下（例如电机在欠相或不平衡电压下运行等）或电压恢复导致的（例如恢复时自动开机等）危险之外，还将采取以下的措施：

（1）欠相保护及通过编程告警。

（2）电压低下保护及通过编程告警。

（3）电压恢复正常后通过编程告警。

5.7.3.4 过电流及短路保护

（1）过载保护。

保护器件应在流经电路导体的过载电流引起的温升对绝缘、接驳端口、端座及导体周围的物料造成损害之前启断过载电流。

防止布线过载的保护器件的工作特征应同时满足以下两个条件：

1）$I_B \leqslant I_n \leqslant I_Z$（条件a）；

2）$I_2 \leqslant 1.45 I_Z$ （条件b）。

其中，I_B为电路的运行电流值；I_n为保护器件的电流制订值；而对于可调整的保护器件则是整定的电流值（即$I_n=I_r$）；I_Z为引用IEC 60364—5—523的布线持续载流量；I_2为符合IEC 60364—2—254.2规定的保证保护器件在约定时间内可靠起动作的电流值。实际工作中，I_2等于：①断路器（起跳）在约定时间内的运行电流，即$I_2=k_2 \times I_n$，对于符合IEC 60898的小型断路器MCB，$k_2=1.45$；而对于其他断路器$k_2=1.3$；②gG类型熔断器在约定时间内的运行电流，即$I_2=k_3 \times I_n$，对于符合IEC 60269的熔断器，$k_3=1.10$（$I_n \geqslant 16A$）或$k_3=1.31$（$4A < I_n < 16A$）或$k_3=1.45$（$I_n \leqslant 4A$）。

导体最大允许载流量的修正因子应由以下方法确定：

1）使用IEC 60287标准推荐的方法。

2）测试。

3）使用IEC 6036标准给出的（温度/群组/土壤热阻）修正因子数据表。

4）使用认可方法精确计算。

（2）短路保护。

本工程装置只是考虑到同一电路中各导体之间的短路。短路电流在

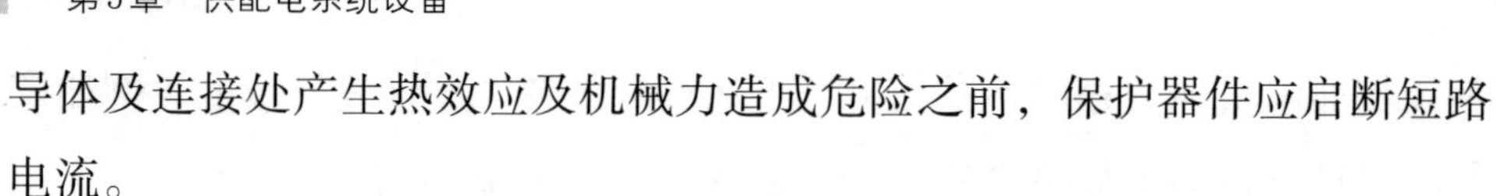

导体及连接处产生热效应及机械力造成危险之前，保护器件应启断短路电流。

非埋置地下线缆的各类绝缘质的最高运行温度导体的负荷电流在正常持续运行中产生的温度应不超过以下的温度限值：

1）聚氯乙烯绝缘（PVC）：导体温度70℃。

2）交联聚乙烯绝缘（XLPE）或乙烯－丙烯橡胶绝缘5PR：导体温度90℃。

3）PVC铠皮或裸身可触及的矿物绝缘（MI）：金属铠皮温度70℃。

预期短路电流的确定原则如下：

1）应通过计算或量度确定泵站内低压用电装置每个有关点上的预期短路电流。

2）短路电流假定值是基于两相之间短路、三相同时短路及相线对中性线短路的不同值，应确保每个值都可以启断保护器件。

3）若当地供电部门没有告知其短路电流数据，应考虑如果使用的低压配电变压器的单一最大容量不超过1600kVA、不允许并联运行、变压器一般阻抗百分比在1600kVA容量下为6%，假设发生三相短路的情况下，于变压器的低压出线端口将达至38.5kA；而由于泵站内的低压装置只有功率容量相对较小的储能性设备（例如3kVA的阀门电动机等），因此不考虑其对于短路电流的贡献作用。

短路保护器件应具有如下特征：

1）启断能力应不少于保护器件处的预期短路电流，但用于下列情况者除外：如果在上游侧已装有所需启断能力的其他保护器件，则本保护器件处的启断能力小于预期短路电流是允许的。此时，两个保护器件的特征必须协调匹配，使通过这两个保护器件的能量不超过负荷侧的保护器件，且受此两器件保护的导体能够无损伤地承受此能量。必须注意的是：当各不同保护器件之间协调匹配没有相关规定时，应按照承建商拟用保护器件品牌制造厂给予的数据；

2）电路上任何一点由于短路引起的所有电流，应在不超过电流使导体达到允许极限温度的时间内启断。对于持续时间不超过5s的短路，由

已知的短路电流使导体从正常运行时的最高允许温度上升到极限温度的时间t可近似地用下式计算：

$$\sqrt{t} = k\frac{s}{I_{cc}}$$

式中 t——时间，s；

s——导体截面面积，mm^2；

I_{cc}——有功（r. m. s.）短路电流，即考虑自由发生在电路最远点的短路电流，kA。

k为常数：①k=115，对于聚氯乙烯（PVC）绝缘铜质导体；②k=134，对于一般橡胶或丁基橡胶绝缘铜质导体；③k=143，对于交联聚乙烯（XLPE）或乙烯丙烯绝缘（5PR）铜质导体；④k=115，对于以焊接连接方式的镀锡铜质导体，对应于温度160℃。

对于短路时k值是有效的最大温升：①聚氯乙烯（PVC）绝缘的温度为160℃；②丁基橡胶绝缘的温度为220℃；③交联聚乙烯（XLPE）或乙烯丙烯（5PR）绝缘的温度为250℃。

用作短路防护的保护器件的电流制订值可以大于电路中导体的允许载流量I_Z值。

对于极短时间的短路（$t<1s$），其非对称性作用是显著的，对于起限流作用的器件，其k^2s^2的值必须超过保护器件制造厂提供的允许通过的能量（I^2t）值，（即$k^2s^2>I^2t$）。但以下情况的k值不适用：①导体截面面积小于10mm^2；②短路时间超过5s；③导体的其他形式接头；④裸导体；⑤矿物绝缘有铠皮导体。

（3）允许的布线最小线径。若适用的话，允许的最小线径应按照RSIUEE规定：

1）插座、动力或气候调节设备电路：2.5mm^2铜导体绝缘线缆。

2）照明或其他用途电路：1.5mm^2铜导体绝缘线缆。

（4）允许的线路电压降。装置从低压公共配电网来电，若适用的话，允许的线路电压降应符合RSIUEE规定的不超过装置标称电压的百分率：①照明电路：3%；②其他用途电路：5%。

相线导体与中性线相等的布线系统中，电压降用下式表示：

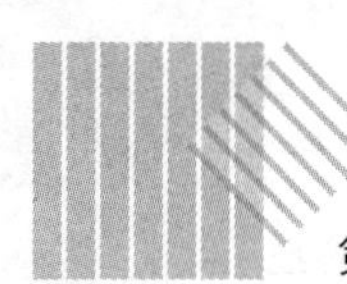

$$u = b(\rho \frac{L}{S}\cos\Phi + \lambda L \sin\Phi) I_B$$

$$\Delta u = 100\frac{u}{U_0}$$

式中　u——电压降，V；

Δu——电压降百分率，%；

U_0——相线与中性线之间的电压，即230V；

ρ——正常工作温度下导体的电阻率，即20℃时的1.25倍（铜为0.0225Ω·mm²/m，铝为0.036Ω·mm²/m）；

L——布线的单一长度，m；

S——导体的截面面积，mm²；

$\cos\Phi$——功率因子（在缺乏准确数值时可以使用$\cos\Phi=0.8$，$\sin\Phi=0.6$）；

λ——直线状导体的电抗值（在缺乏准确数值时可以使用λ=0.08mΩ/m）；

I_B——工作电流，A；

$b=1$：若为三相电路；$b=2$：若为单相电路（完全平衡连同中性线的三相电路，即一相有负载应考虑为单相电路）。

对于特低压电路，在供给的电压下，设备若能够正常运行可以忽略电压降要求。

5.7.4　低压电器选型计算

5.7.4.1　布线电缆截面面积及断路器选择的计算

（1）电缆类型、截面面积尺寸及其允许最大持续载流量。

聚氯乙烯绝缘铜质导体电缆（三条导体承载电流）：VV，3×25mm²+16mm²，I_Z=101A。

（2）设备的运行电流，I_B=39.9A（27.52kVA）。

（3）电路断路器类型及电流制订值，I_n=63A。

（4）电路断路器在约定时间内的运行电流，$I_2=I_f=1.3I_n$。

（5）布线方式。单层有孔托盘架空安装（IEC 60364—表 52H，参考第 13条）。

（6）布线群组及其修正因子。

在同一有孔托盘上有10条其他线缆，其修正因数为0.72。

（7）环境温度及其修正因子。

假设环境温度达35℃，聚氯乙烯绝缘的修正因数为0.94。

（8）验证防止布线过载的保护器件的工作特征应用的两个条件：

1）条件1：$I_B \leqslant I_n \leqslant I_Z$，即 39.9A≤63A≤（0.72）•（0.94）• 101A，满足条件。

2）条件2：$I_2 \leqslant 1.45 I_Z$，即［（1.3）•63A≤1.45•101A］，满足条件。

5.7.4.2 电缆线路电压降的计算

（1）电缆类型、截面面积尺寸及电气估算长度。

VV，$3\times25\text{mm}^2+16\text{mm}^2$，长度$L$为98m。

（2）设备的运行电流，I_B=39.9A。

（3）估计的功率因子，$\cos\Phi=0.8$，即$\cos\Phi=0.6$。

（4）允许的线路电压降。

$u=1\cdot(\rho\cdot 98\text{m}/25\text{mm}^2\cdot 0.8+0.08\cdot 10^{-3}\cdot 98\text{m}\cdot 0.6)\cdot 39.9\text{A}=3.71\text{V}$；

$\Delta u=u/u_0=3.71/230=1.6\%$，小于5%，满足标准规定。

5.8 低压配电装置

5.8.1 低压配电柜

（1）电柜的侵入保护程度。

根据本工程地点已给定的外部影响条件，所有安装的电柜应具有IEC 60529所指的侵入保护程度IP 54或以上。

（2）柜内零件布置及安装。

1）完整装配的配电柜应包括所有零件，零件应稳固地安装到配电柜内，并应能被拆除或更换在零附件的前面用作端接线缆。

2）允许有充足空间作箱内走线。按规定，配电柜内部连接各种器件的相线及中性线若使用绝缘线缆的话，其线缆代码不应低过301100（即450/750V标称绝缘度，硬芯、无特别机械抗阻力、能抵抗空气中一般潮湿腐蚀、无电屏蔽层及适合使用于温度－5～40℃环境中PVC绝缘层、单芯硬质铜导体符合HD 361的V绝缘导体或H07－V－R线缆），绝缘线缆的标称线径不应细过2.5mm²；若使用裸导线布线的话，应按照IEC所规定相隔的最小距离，并以绝缘物质支承，裸导线的标称线径不应小于6mm²。而电巴总线电流承载以2A/mm²计算。

3）MCCB、MCB或熔断器应一行行地布置。所有零件应隐藏安装，只有隔离开关掣、ACB、MCCB、MCB、RCCB或RCBO的掣柄可以突出配电箱面盖之外。

（3）电路相位识别。

每一条铜排总线应涂上相应接驳的相位显示颜色，其颜色应为条带状并漆涂在每一条铜排总线的开始接入的部分。

5.8.2　低压总开关柜

（1）通过型式试验的成套设备。

全套工厂制造的低压总开关柜QG应是符合“通过型式试验的成套设备（TTA）”的工业系列产品，并且按照以下标准制造：

1）低压总开关柜QG应以钢块建造，自支撑、无交叉撑杆结构，且应在结构、机械、电气上性能良好，连同开关柜顶部、柜面屏板及钢块或其他材料制造的柜门，其厚度不应小于2mm。其设计及整个构造应满足以下国际上认可的由权威机构授予证明的所有构造要求：

a.符合IEC 60439—1规定验证的开关柜性能表现。

b.符合IEC 60439—1规定的EMC及电磁场免疫及发散试验。

c.符合IEC 60068—2—27规定的相当于持续11ms的15g的冲击试验。

d.符合IEC 60068—2—29规定的相当于持续16ms的10g加速度及在每一个互相垂直的方向撞击1000次的冲击试验。

e. 符合IEC 60068—2—64规定以10～150Hz频率、总的为0.26g均方根加速度的随机振动试验。

2）低压总开关柜QG应备有可供所有零件纳入的空位。金属件应在涂漆之前做防锈处理。为了阻挡异物进入，低压总开关柜QG的底部应以指定的适合线缆安装的方法以非磁性物料、防火填塞料密封。若线缆需要从顶部进入柜内，要以同样手法施行。

3）每一件开关柜背后可分开的屏板应备有一对易于装拆屏板的抽手。开关柜的长度方向应整齐划一，开关柜应是按照IEC 60439—1一般要求制造。

4）作为出入线缆接线端座用的隔仓应具有裕量（包括线缆隔空及芯散开）的尺寸可容纳进出的线缆，应提供适合的托架或线缆支承子，以防止接线端座或线缆受到应力影响而可能降低了其正常寿命及性能表现。

5）除了强行跨过互锁功能及使用工具之外，所有开关件应备有机械互锁装置，因此其门、盖及相类似的东西只有在开关件处于关闭状态下才能揭开，当其门、盖及相类似东西被揭开时开关件不能合闸，互锁装置应在其门、盖及相类似东西被盖上之后自动复位。

6）开关柜应具有一块或多块铭牌，以耐用的手法安装在开关柜柜面能够见得到的位置以及备注易懂且清晰的信息。此铭牌应包括以下信息：制造厂商名称及商标；类型名称及识别编号或其他可以从制造厂方面获取相关数据的识别代码；IEC 60439—1；类型（三相四线，星形接法）；额定工作电压（400/230V，50Hz）；额定绝缘电压（1000V）；短路电流承受强度（50kA）；侵入保护程度（IP 54）；主铜排电流额定值（1000A）。

7）在有关文件内、电路图内、制造厂的列表或商品目录内应提供IEC 60439—1条款5.1下的其他数据。

（2）铜排总线、布线及接地。

1）铜排室应装有同一截面尺寸的三相及中性线铜排总线。开关柜内的铜排总线的组装轮廓应与型式试验所示图样相同。任何铜排总线的组装轮廓的变更都需要获得单独的型式试验证明书。

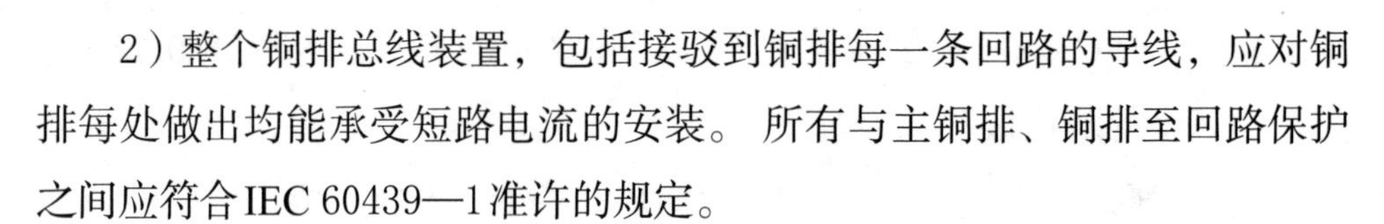

2）整个铜排总线装置，包括接驳到铜排每一条回路的导线，应对铜排每处做出均能承受短路电流的安装。所有与主铜排、铜排至回路保护之间应符合IEC 60439—1准许的规定。

3）所有铜排总线应符合BS 1433的刚性硬度、高导电性铜质导体以及电镀上锡等要求。铜排总线的结构装嵌、标注、布置、接驳及辅助电路应符合IEC 60439—1的规定。开关柜具有接驳作用的外部铜排应全部绝缘，以及不阻碍其他设备设施的接入安排。所有中性线导体截面尺寸应不小于与其相应同组的相线导体的尺寸，并以“蓝色”或开始字母“N”作区别。

4）开关柜垂直布置部分若装有一条以上去线电路，须装设去线接驳用的上升或下降铜排，并做出在预期正常工作条件下不会发生内部短路的安排。

5）铜排应是能够对每一条电路提供400A或以上的电流量。

6）所有辅助电路的布线应符合BS 6231规格的PVC绝缘层，其导体标明为90℃或相当于H07V2—K规格的电线。若可能的话，电线应一组组地、整齐地捆实并以不同的电线绝缘层颜色区别不同的辅助电路。辅助电路两端应穿入具有绝缘性的环箍，永久地标注合适的字符及代码。

7）辅助电路的电线应在线缆隔仓（槽）内，或为提供对机械性损害充足保护而特别设计的索道装置内布置。此等电线亦应是一束束整齐地捆扎在一起，每组线路全程有所识别。

8）从开关柜的固定点到某些可以活动的布线，如以铰连接的门，其布线应附入PVC软喉内。若以高过特低压（＞ELV）限值的电压，例如安装于盖子、门板等的装置，其CPC的连续性应确保按照IEC 60439—1内7.4.3.1.5条款相关规定。

9）辅助电路不允许使用接驳插头或焊接方式接驳。外露的带电端口应适当遮蔽及盖住。全条镀锡的接地线是安装在柜内后面底部，贯穿开关柜全长的长度，且具有不低于IEC 60439—1内表格3所示的适当额定容量，对所有模装框壳组件进行联结搭接。开关柜内的底部应备有一个适合$2\times95mm^2$接地电极的导线端。

5.8.3　低压配电箱

（1）通过型式试验的成套设备。

低压配电箱指的是低压总开关柜之外的电箱，其箱壳应以厚度不少于1.5mm的钢质板材制造，其设计、制造及测试应符合IEC 60439—1所定之规格。控制电动机的配电开关柜应具有以下设备：

1）每一部设备的就近auto（自动）/on（开动）/off（关断）掣。

2）隔离开关。

3）MCCB。

4）汇流电。

5）每一条主来电及每一部电动机起动器的隔离开关掣。

6）每一部电动机的起动器。

7）保护、控制及辅助继电器。

8）比流器CT。

9）每一部电动机连同相位选择掣的电流表。

10）指示灯、按钮、选择掣及控制掣。

11）紧急停机按钮及卷标。

（2）保护器件及功率因子较正装置。

1）隔离开关器。

隔离开关器应符合IEC 60947—3的规格及通过型式试验及使用等级：

a. 一般用途为AC—22A，AC—22B。

b. 通断电动机为AC—23A，AC—23B。

2）模壳型断路器MCCB。

a. MCCB被指定为四极、三极或双极型。

b. MCCB应遵从IEC 60947—2的通过型式试验的规定。

c. MCCB应全部装入以绝缘物料压铸成型的封壳内。其结构应能承受适当的短路电流，且合理的粗笨使用但不致出现破损及毁烂，铸壳体应具有不低于IP30的侵入保护等级。嵌入式的MCCB的使用级别为B级。

d. MCCB应为独立型式或结合过电流及碰地故障保护继电器的脱扣系统型式。

e. 操作特性应以温度40℃为准。

3）小型断路器MCB。

a. MCB被指定为四极、三极、双极及单极型。MCB应遵从IEC 60898的通过型式试验的规定。MCB应全部装入以绝缘物料压铸成型的封壳内。

b. MCB的线缆接线端座应在其顶部及底部两端及从前面推入（掣底路轨内），及适合与其作端接的线缆应按照IEC 60898表 4所规定的实芯或股芯的线缆。

c. 用于电动机电路的小型断路器是符合IEC 60898、“C”型的MCB，能够承受电动机起动时的接入电流。

4）无过电流保护、电流动作型漏电断路开关掣（RCCB）。

无过电流动作的漏电断路开关掣（RCCB），应指定为双极型或四极型结构。型式试验应符合BS EN 61008或IEC 61008的规定，RCCB基座应全部封入绝缘物料铸壳体内并符合BS EN 61008所认可，保证能承受故障电流的水平。

RCCB应能在－5 ～ 40℃环境温度范围内适合使用，其设计应为路轨安装形式在配电箱内与其他保护器件并排安装。

RCCB的电气特性及操作特性：

a. RCCB应具有起码的短路启断能力容量电流为3000A；而启断容量为此RCCB额定容量的10倍或500A，取两者中数值的较大者。

b. RCCB的脱扣机构不应涉及以放大剩余电流方式设计，并应与其线路电压值无关。按IEC 61008规定，RCCB应具“AC”型操作特性，以确保无论是突发的还是缓慢累加的交流残余电流都令脱扣能够动作。“A”型RCCB被指定应是剩余电流中可以存有直流电分量成分。

c. RCCB应是无时延功能瞬即脱扣型式构造。

d. 多极型的RCCB应在其内部所有极触头互锁联动，因此不论哪一相出现对地漏电情况时RCCB所有的极触头应同时脱扣。

5）有过电流保护、电流动作型漏电断路开关掣（RCBO）。

有过电流保护、电流动作型漏电断路开关掣RCBO应全部封装在模壳内，有过电流动作的漏电双极型或四极型断路开关掣（RCBO）应通过IEC 61009规定的型式试验。RCBO应能在－5～40℃环境温度范围内适合使用，其设计应为路轨安装形式在配电箱内（可）与其他保护器件并排安装。

RCBO的电气特性及操作特性：

a. RCBO的技术要求应参阅前述“RCCB的电气特性及操作特性”相关内容，此外其过电流限制特性则应符合IEC 60898的规定。

b. RCBO应具有起码的短路启断能力容量电流为6000A；而启断容量为此RCBO额定容量的10倍或500A，取两者中数值之较大者。此外按照IEC 61009表ZD1及ZD2的规定或BS EN 61009的规定，其电力限制级别应为第三级。

c. 除非另有指定，除了用于电动机电路或高接入电流电路应是使用为“C”型外，RCBO应是具有“B”型的瞬即脱扣特性型号，较准温度应为30℃。

d. 多极型的RCBO应在其内部所有的极触头互锁联动，因此不论哪一相出现对地漏电情况时RCBO所有的极触头应同时脱扣。

根据工程实际以及选择性目的，应采用“S”型（选择型）剩余电流动作断路开关掣（符合IEC 61008及IEC 61009标准）与“G”型（普通型）剩余电流动作断路开关掣串联，为取得“S”型剩余电流动作断路开关掣的选择性，在配电电路中允许剩余电流动作断路开关掣在1s以内动作。

6）电磁接触器。

a. 电机式磁力掣及电动机起动器应遵从IEC 60947—4—1的规格及通过型式试验。

b. 每一个（掣器）应指定为四极、三极、双极及单极、双重空气－(触头）隔断型构造。

c. 主电极触头及辅助电极触点的额定值应为其在不中断及无间断工

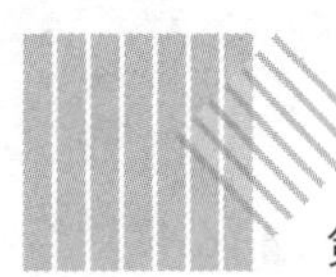

作情况下的数值，磁力掣及起动器的主电极触头应为银质或银质贴面。

d. 每一个磁力掣及起动器应具有适当的如IEC 60947—4—1表格1所示的使用等级。

7）热电隅片式过载保护继电器。

a. 电动机起动器过载保护继电器应为电热金属隅片型。

b. 起动器的跳脱级数应为按照IEC 60947—4—1的格表Ⅱ内所示的级数。

c. 过载继电器在大气环境40℃及额定值的50%～150%之间的操作设置范围内应能够工作。

（3）电涌（过电压）保护器。

1）一般要求：

a. 电涌保护器SPD适合使用于操作在50Hz、三相400V或单相230V的电力装置。

b. 电涌保护器SPD的操作基于使用氧化金属可变电阻器或其他相类似技术，在发生电流急冲时可有效地限制过电压，并且将其最大的电涌能量分流接地。

c. 电涌保护器SPD应由信誉好的、连续并最好有5年以上此类产品生产经验的生产厂家制造，并且厂家应设有能提供全面技术支持及售后服务的本地代理商。

d. 电涌保护器SPD通过型式试验的证明书应报技术监督部门批核。除非另有指定，此证明书应可证明这些保护器可以满足IEC 61024—1所制订有关在高暴露水平下、地点分类为C等、B等及A等对于“建筑物抗雷击保护”的要求；或IEEE C62. 41—1991制订“低压交流电力线路急涌电压的推荐实务”所述的以下性能表现：①在低压总开关柜使用的电涌保护器SPD应能够在20kV、1. 2/50μs波动冲击标准测试电压下，及10kA、8/20μs波动冲击标准测试电流下保有表现性能；②用于电力分配系统中的电涌保护器SPD应能够在6kV、1. 2/50μs波动冲击标准测试电压下及3kA、8/20μs波动冲击标准测试电流下保有表现性能，电涌保护器的瞬态值电压应限制在被其保护的设备的敏感电平以下，除非另有指定，“让

通”峰值电压不应超过600V；③次级配电箱中使用的电涌保护器SPD应是能够在6kV、1. 2／50 μs波动冲击标准测试电压下及0. 5kA、8／20 μs波动冲击标准测试电流下保有表现性能。

e. 电涌保护器SPD应能够并联分路或串联接驳至有关的工程装置，以获得生产厂家推荐的最大保护作用。电涌保护器SPD的安装应严格按照生产厂家的安装说明及关联的安全标准和规定。

f. 电涌保护器SPD的所有组件及线路应被装入金属封壳内及适合作挂墙式安装。封壳应作电气接地，若由于其重量及尺寸而需要作平放式安装的话，电涌保护器应安装及放置在为此目的而建造的混凝土底座上。

g. 电涌保护器的生产厂给出的详细安装说明及手册，应报技术监督部门批核。

2）性能表现要求：

a. 电涌保护器SPD应能够在所有模式上，包括相线至中性线、相线至地，及中性线至地之间作出保护的性能表现。

b. 电涌保护器SPD的性能设计应考虑不容易受到工程现场实际布线的影响。

c.“让通”电压，也就是容许电涌保护器SPD通过的瞬态过电压，应该清楚地指出以备技术监督部门予以接纳。除非另有指定，此“让通”电压在波动冲击标准测试下，不应高于600V。在开始及浪涌时段之间电涌保护器SPD开始作出反应的时间应低于1ns。

d. 电涌保护器SPD应可承受在正常条件下电力系统重复出现的电冲涌，而不会令电涌保护性能表现过度退化。

3）电涌保护器结构：

a. 电涌保护器SPD应结合高能量箝位器件、对接入的电力系统在电涌任何时候出现时都能减低至可接受水平，保护设备或系统不受冲击而损坏。

b. 电涌保护器SPD应装入工业级的连同铰连接，有锁、前面柜门，以及1. 5mm厚度钢块制成的高质素柜箱内。此保护器及柜箱应电气接地，整个柜箱应符合电涌保护器制造商的要求。

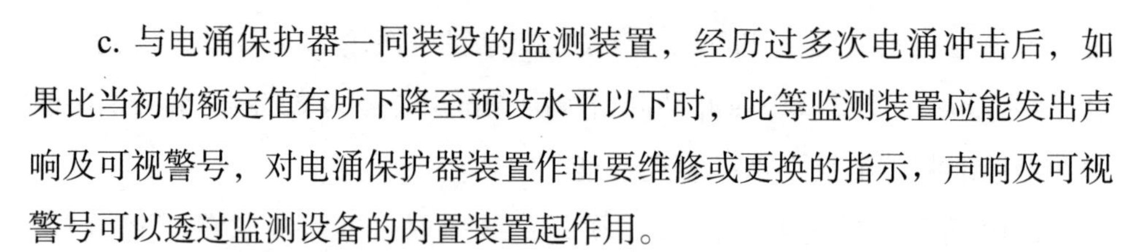

c. 与电涌保护器一同装设的监测装置，经历过多次电涌冲击后，如果比当初的额定值有所下降至预设水平以下时，此等监测装置应能发出声响及可视警号，对电涌保护器装置作出要维修或更换的指示，声响及可视警号可以透过监测设备的内置装置起作用。

（4）功率因子较正（PFC）设备。

功率因子较正（PFC）设备应包括电容器、保护装置、电磁接触器、控制继电器、CT比流变压器、仓壳、线缆、电缆索头、电缆槽、控制线路布线等，还应包括有带阻滤波器以压制谐波及接入（启着）电流，应适合使用于如下条件：① 高度：直至2000m海拔高度；②环境气温：峰值从－5 ～ 40℃连续4h，连同平均值0 ～ 35℃期间超过24h。

1）电容器件。

电容器为金属聚丙烯薄膜连同自－恢复干式低损耗型，并装入注有非燃性介质的钢质块封壳内。电容器应被密封，采用高质量连续金属薄膜以及低损耗高质量的介电物质制造。整个电容器的损耗不应超过0.5W/kVA。电容器件应遵从IEC 60831及IEC 60070的相关要求。

电容器应备有直接接驳的泄放电阻器，此电阻器可将断开的交流电的峰值在3min之内降至75V甚至更小，此泄放电阻器应有一个绝缘盖子保护。电容器应具有以下特性：

a. 额定电压：400V；

b. 频率：50Hz；

c. 绝缘度：3kV（r.m.s.）/15kV浪涌峰值；

d. 电介物质：聚丙烯；

e. 泄放电阻器：已配备；

f. 整个电容器损耗：小于0.5W/kVA；

g. 最高过载电压：额定电压的1.1倍；

h. 最大过载电流：额定电流的1.3倍；

i. 功率容忍度：－5% ～ 10%；

j. 境温度范围：－5 ～ 40℃；

k. 通电时的残余电压：小于额定电压值的10%。

2）保护器件。

电容器应配有保护用的熔断开关器或MCCB以对抗高的故障电流。此外，电容器本身应备有过压力断路装置以对抗低的故障电流。快速熔断H. R. C. 熔断器及MCCB应符合IEC 60269及IEC 60947—2的相关要求。

每一个电容器组应由一个自动多级的控制电容器的继电器装置所操纵，因此要给出恰当数量的电容器投入或撤出工程系统以获得最佳的平均功率因子值。PFC设备应备有无电压时重置特性，以确保电力（供应）中断时间长过50ms之后，全部电容器从工程系统撤离、后其重新接入则按照前述恢复供电后的安排。

微处理器作为测量及接收工程系统电力参数，然后指令控制继电器执行投入或撤除的动作以维持预期达到的功率因子。微处理器应能确保磁力开关及电容器均匀地老化，能够其接入系统使用时间为考虑的环形顺序、以先入先出地接入/撤离各开关件。控制继电器应包括全面操作上的告警，如PFC设备不能达致需要的功率因子值的告警。PFC设备应备有LED/LCD屏幕以显示究竟有多少级电容器接入了装置系统内。

控制继电器应具有以下特性：

a. 双电压操作：230V或400V；

b. 推动电磁接触器的触点容量：控制继电器的触点能够承受2500V交流电，5A及1200VA；

c. 测试电压：供电线缆及电磁接触器接驳线缆：1500V/50Hz；CT，电磁接触器：500V/50Hz；

d. 谐波滤波：应备有此滤波器以避免误测系统电力参数。不应与PFC设备的电路滤波器相混淆；

e. c/K回应电流：可在0.05～1A之间调整；

f. c/K值设置：手动或自动；

g. 功率因子逆转点：可在落后0.85～1之间调整，及当低负荷时防止功率因子超前；

h. 功率因子值设定：0.85电感性至0.95电容性；

i. 档次切换时间：按无功负载情况可在10s至3min之间调整；

j. 环境温度范围：－5 ～ 40℃ ；

k. 操作及档次状态显示器：LED/LCD ；

l. 无电压释放装置：若供电出现故障，无电压释放装置由于自动退出控制继电器而动作；

m. 告警继电器：有；

n. 手动开关掣：两个手动操作按钮，适合检视控制继电器的运作；

o. 连接：插入式接驳器；

p. 安装：角码及螺丝栓；

q. 保护级数：IP31。

3）电磁接触器。

PFC设备应装有特殊规格的磁力开关，以限制本身对电容器作开关时产生高的接入电流量。此磁力开关的特征为备有连同预充电电阻器的辅助接触点。这些辅助接触点应在电力主触头合闸之前合闸，因此其电流峰由于电阻器的效应大大地被限制了。磁力开关应有充足的容量作为在低功率因子下接入及流出容性电流。

限制此电流可以增加PFC设备所有零部件的使用寿命，尤其是对于电容器的保护器件。此磁力掣应遵从IEC 60947—4—1的相关规定。

电磁接触器应具有以下特性：

a. 合闸时预期电流峰值：额定电流值的100倍；

b. 最大操作比率：每小时操作150次；

c. 在额定负荷下其电气寿命：操作10万～ 20万次；

d. 业务等级：AC 6b。

4）仓柜。

室内使用的仓柜应起码为IP31，开关控制和所有其他设备部件按规范要求分别装入分开的隔仓内。

PFC设备应分隔安装于低压配电开关柜的空余部分，因此当PFC设备出现故障时将不会影响低压配电开关柜的操作。PFC设备应装入前面可触控及已做环氧树脂粉末涂料处理的工业级仓柜内。

5.8.4 厂房低压用电装置

配电及最终电路布线的适用物料及安装方法如下。

（1）螺丝物料。

用来固定盒子和鞍码收紧的螺丝应为ISO标准螺纹牙。它们应为青铜质螺丝或BS 3382指定的相等于锌质附面能对抗腐蚀的保护面涂层的钢质螺丝。不允准使用电镀青铜面螺丝或自攻螺丝。

（2）胶质或PVC质喉管及附件物料。

a. PVC质喉管及其配件器材特征如下：

➢ 适用于固定式明装或暗装，其机械阻力强度达2J、不渗水、硬质、物料为绝缘物质，能抵抗空气中一般潮湿腐蚀、无电屏蔽层，适合使用于－5 ～ 40℃环境下的喉管及与其配合使用的疏结、过路盒及终端盒；

➢ 符合NP—949 或EN 61386规定、代码为VD的喉管及与喉管配合一整套使用的疏结、杯疏、过路盒、终端盒配件及黏合剂；

➢ 符合IEC 60614—2—2规定，能抗重荷机械力并在－5 ～ 60℃环境温度范围内能永久使用的喉管；符合IEC 61035配合喉管使用的疏结、杯疏及黏合剂；符合IEC 60670规格的过路盒、终端盒配件；

➢ 若能保证不会降低工程质量并经有关方面同意，可以考虑接受使用BS 4607规格的喉管；BS 6099规格的配合喉管使用的疏结、杯疏及黏合剂；BS4662规格的过路盒及终端盒配件。

b. 柔软性喉管。

柔软性喉管应为自熄灭塑料物质造成，并遵照IEC 60614—2—3相关规格，柔软性喉管配件器材应遵照IEC 61035相关规格。适用于工程的柔软性喉管能在－5 ～ 60℃范围内储存或运输。

c. 胶喉用的胶质/PVC盒子。

应使用标注有“VD”字样符号的胶质或PVC盒子、胶或PVC电器装配件封壳；重装料应遵照IEC 60670/BS 4662规定的尺寸，其中等胶或PVC盒子应能与IEC标准的钢质盒子互相交换使用，盒子的壁厚最少为2mm。

d. 胶质或PVC质喉管安装方法。

胶质或PVC喉管的对接应以黏合剂涂于PVC喉管外层表面，然后插入硬质PVC链接器旋转四分之一转，以便黏合剂能均匀散开可达连续的机械强度。

胶质或PVC软喉管应尽可能短且在任何情况都不可长过2m。在连续性地受折曲的场合不应使用软喉管。

当PVC喉管接至尾端盒时，一个杯臣连同一个胶质有牙杯臣用杯疏旋入盒内。若为软喉，则需使用一个硬质PVC压垫头或一个连同胶质有牙杯臣的PVC疏结旋固。

当PVC疏结与胶质有牙杯臣一同使用时，有牙杯臣应从开有适合于杯臣的孔口的金属尾端盒内部旋入疏结或杯疏内。胶疏结应与疏结或杯疏旋紧能咬紧尾端盒因此具有机械上的连续性。有牙杯臣的螺纹应有足够长的部位以旋入疏结内。软喉插入疏结或杯疏之前应使用黏合剂涂于喉的插入部分表面并旋紧。

e. 胶质或PVC喉管的扳弯。

喉管弯曲应使用专门的工具，若喉管直径不超过25mm，则可直接用弯管弹簧。喉管不应被弯曲至起角。内半径弯度不应小于4倍的喉管直径。

若弯曲位直接由喉管本身成形，则需使用适当尺寸的屈喉弹弓成形。当喉管成形后应尽快进行安装。

（3）允许的温度性膨胀。

应允许PVC喉管在温度高的情况下产生热膨胀。当每10m或更短距离时应安装伸缩疏结，结合使用鞍形管码可以卸去喉管的轴向滑动。

（4）连接尾端盒的塑料胶盒。

电器零（组）件的封装PVC过路盒或PVC盒应遵从IEC有关与钢盒互相转换使用的规定。

PVC盒应连同作为连接接地保护线的黄铜制接地线螺丝端子。若灯具会产生可观的热量或灯具或某些设备的重量超过3kg，则这类PVC盒不可作悬吊灯具用或悬吊此等设备。

若布线为藏地台或藏墙方式，当采用PVC硬质喉管接入一个PVC螺

牙变滑身插杯疏时，应与作为悬吊灯具或其他设备用途的纵深型铸铁藏天花型”BSEA”盒稳固地旋紧。同样亦能在预期温度下可支持其悬吊重量。通牙转换杯疏的螺纹部分应插入“BESA”盒所有螺纹部分及旋紧以达致连续的机械强度。起码以两层以上防锈漆在“BESA”盒外露的螺纹部分。

5.8.5 托盘物料

（1）托盘的物料。

选用为符合BS 1449规定的以钢块（疏）孔，以及打孔后进行符合ISO 1459、ISO 1460、ISO 1461规定的热镀锌处理。

（2）线缆托盘的尺寸。

线缆托盘的典型尺寸见表5.19。

表5.19　线缆托盘的典型尺寸　单位：mm

线缆托盘的典型尺寸			
标称阔度	裙边最小高度	钢块厚度	回折裙边最小高度
100、150	12	1.2	—
225、250	12	1.5	—
300、350	20	1.5	12
400、450	20	1.5	12
500、550	20	2.0	12
600、700	20	2.0	12
800、1000	20	2.0	12
1200	20	2.0	12

（3）拐弯配件。

拐弯件应与托盘为相同材料、相同厚度及相同表面处理方法制造，并且应在其两端有50mm的内半径及100mm直长搭接位。

（4）转弯位的孔洞。

100mm及150mm尺寸托盘的拐弯件的圆弯部分不应有孔洞。对于225mm或以上标称尺寸托盘的拐弯件，若拐弯件的孔是沿着曲率的中线以θ布置的话则可以。表5.20列出θ的数值。

表5.20　　疏　孔　位　置

线缆托盘拐弯件上可以冲疏孔位置	
托盘的标称阔度／mm	θ
225～350	45°
≥400	30°及60°

（5）分叉配件。

分叉配件应与托盘为相同材料、相同厚度及相同表面处理方法制造，由分叉件的分叉点至内接部分尽端的距离不应小于100mm。

（6）托盘装配件。

托盘装配件应使用制造商生产的标准装配件。若技术监督部门已批准，则容许使用现场制作的配件，但尽量少用。

若托盘为特制尺寸，其装配件的物料、厚度及表面处理应与托盘一样。

（7）金属电缆托盘安装方法。

1）两条直身托盘的接驳。

当托盘直身与直身、直身与分叉或直身与弯位组件连接时，应利用连接片及符合BS 1449 规格的圆头钢螺栓及丝母进行工件拼驳。因此工件之间需具有足够机械强度而不会产生相对移动。

2）托盘的剪裁。

仅可沿着平素的板材路线剪裁，即不可剪过有疏孔部分。剪裁后镀锌托盘应补髹冷锌化涂料于所有边缘部分。

3）托盘的开孔。

用作穿越线缆而在托盘所开的孔洞应安装橡胶护孔扣眼，或在孔位安装杯臣将线缆对正孔位排列。

4）托盘的固定。

托盘应以具足够的机械强度的软钢吊架或贴墙支架牢固地安装在墙壁、天花板或其他建筑物结构处。除非另有指定，此等吊架、支架应涂上抗锈蚀环氧基树脂涂料。安装时不超过1.2m直位距离，弯位两端规律地布置。

所有托盘应至少有20mm背后空间。

5）接地。

托盘应全程与地连接，应使用铜质接驳器跨接托盘组件所有的连接位置以获得接地连续性。应备有为铜质接驳器连接用的、工厂制造的、于托盘组件端部的接地端子。铜质接驳器的长度应比两端接驳部件稍长一些，以容许因热膨胀或其他原因作用到接驳位引起的移动。

6）安放于托盘上的线缆。

安放于托盘上的线缆应使用包有PVC外皮的鞍形码固定多芯型电缆，鞍形码应做成与电缆径向面配合的形状以利紧固电缆。此等鞍形码应以抗锈蚀的平头螺丝及丝母固定在托盘上。旋剩的螺丝杆不应超过丝母后三趟螺纹长度。若鞍形码的长度距离的螺丝位距离超过150mm，须在中途增加支承，使螺丝间距不超过此距离。

单芯电缆须用木制或非铁磁物料制的线码固定，并特别设计成适合所装线缆的形状。此等线码应用螺栓、垫圈及丝母固定在托盘上。

线缆固定码应于线缆沿途按照制造商推荐的距离间隔全程布置。

5.8.6 线梯物料

（1）材料。

一般而言，所有以下提及的线梯配件器材及装配件应是BS1449标准的热轧钢制品，定形之后按ISO 1459、ISO 1460及ISO 1461规定作热镀锌处理，另外线梯配件器材及装配件应是符合ISO 683/13的316S31规格的不锈钢制造。

（2）配件器材及装配件。

所有用于同一线梯安装的配件器材及装配件应是同一制造商的产品，且做了相同的表面处理。 此外，对于直身线梯组件，同一线梯系列产品应起码包括90°拐弯件、等分分叉件、四路叠交件、45°内弯上升件、45°外弯上升件、90°内弯上升件、90°外弯上升件、直身缩减件、左边补偿缩减件、右边补偿缩减件、各种连接件、各种支承埋墙架及吊架、各种接驳器及各种螺栓及丝母。

（3）线梯的构造。

线梯应是“重装型”，具有足够强度顶及底凸缘的扶轨，其部件应每段不远过300mm间距安装固定线缆用的狭槽。工作深度至少60mm。

（4）线梯安装方法。

1）电缆出线扶板。

用作支撑由线梯下方引出电缆位置，在条棒之间的出线扶板的宽度应与线梯本身宽度相同。

2）跨越建筑物伸缩缝柔性伸缩作用接合部件。

当线梯跨越建筑物伸缩缝时应由柔性伸缩作用部件连接。此等柔性部件的选择及安装细节应按照制造商推荐的方法进行。不允许硬质的线梯配件跨越伸缩缝。

3）线梯盖。

除非另有指定，专用的线梯盖应按照制造商推荐的方法细节安装到线梯上。

4）线梯端架。

线梯尾端应以专用的线梯端架固定到墙壁或楼板，若与墙壁或楼板相距一段距离，专用的尾端收口盖应装设到线梯末端以达到整齐美观效果。安装细节应遵照制造商推荐的方法进行。

5）接地。

线梯应全程与地连接，应使用铜质接驳器跨接线梯组件所有的连接位置以获得接地连续性。应备有为铜质接驳器连接用的工厂制造的于线梯组件端部的接地端子。铜质接驳器的长度应比两端接驳部件稍长一些，以容许因热膨胀或其他原因作用到接驳位引起的移动。

6）所有线梯弯件的最小内半径。

所有线梯弯件的内半径不应小于300mm。

7）支承器件。

支承器件应适当地布置，其相互不应超过1500mm直线距离，作为承载线梯本身及线缆的重量。在每个拐弯位置前及不超过300mm位置处布置支承器件。

8）预留容量。

若图则内无指定线梯尺寸，则需要作25%附加空余位置，可允许之后的工程附加或更改。

9）安全荷载。

线梯每跨度的重量应平均分布，且不应超过制造商指定的最大荷载能力。

5.8.7 电缆物料

电力线缆主要用于供应及分配电力用途。它们应是在英国的电缆认证服务或等同质量监督计划（如欧洲电工标准化委员会的协调计划），以及拥有英国电缆认证标记或适当标记的等同质量监督计划（如欧洲HAR认证）下生产制造的。配合线缆安装的设施包括线缆槽管道、电缆托盘及线梯。

（1）防火电缆。

防火电缆包括标有“E”的电路、连接后备发电机电路、总后备电源电路、安全照明装置电路、出路符号牌电路及所有消防系统电路，应使用符合以下标准类型的600V/1000V无装甲单芯、三芯、四芯或五芯电缆：

1）IEC 60331—21/23防火特征标准指定的火焰温度950℃/三小时抗火性能规定、连同IEC 60754—1不超过0.5%低腐蚀性气体发散规定、连同IEC 60754—2不低于pH 4.3低酸性气体发散规定、连同IEC 60332—1—2火焰不蔓延规定、连同IEC 61034—2低烟发散小于40%规定的矿物-基外包交联聚乙烯（XLPE）绝缘层铜质导体低烟无卤素物质铠皮（OHLS）电缆。

2）符合BS 6387标准CWZ等级规定的电缆。

（2）一般电缆。

无特别指定的其他一般电缆应符合以下标准：

1）不低于RSIUEE表格Ⅲ所示线缆代码301100的PVC绝缘层、单芯硬质铜导体符合NP—918，2356/3：代码为V或XV线缆。

2）不低于RSIUEE表格Ⅲ所示线缆代码305100的PVC绝缘层、单芯或多芯硬质铜导体符合NP—919，2365：代码为VV或XVV电缆。

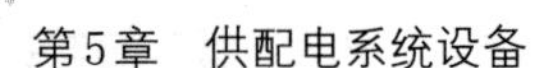

3）600/1000V PVC绝缘层、PVC铠皮无装甲单芯或多芯铜质导体、导体工作温度不超过70℃，代码为IEC 60502—1线缆。

4）600/1000V XLPE绝缘层及铠皮、无装甲单芯或多芯铜质导体、导体工作温度不超过90℃，代码为IEC 60502—1线缆。

（3）低压线缆芯线相位识别。

PVC或XLPE绝缘的电力线缆的芯线应整条地连续加以识别，并按照IEC 60446推荐的表5.21所示的色码或代码。

表5.21　　　　　　低压线缆芯线色码

<table>
<tr><td colspan="6">低压线缆芯线色码</td></tr>
<tr><td>电路相数</td><td colspan="3">相线</td><td>中性线</td><td>保护导体</td></tr>
<tr><td>单相</td><td colspan="3">棕</td><td>浅蓝</td><td>黄－绿</td></tr>
<tr><td>三相</td><td>棕</td><td>黑</td><td>灰</td><td>浅蓝</td><td>黄－绿</td></tr>
<tr><td colspan="6">低压线缆芯线代码</td></tr>
<tr><td>电路相数</td><td colspan="3">相线</td><td>中性线</td><td>保护导体</td></tr>
<tr><td>单相</td><td colspan="3">L</td><td>N</td><td>PE</td></tr>
<tr><td>三相</td><td>L1（或R）</td><td>L2（或S）</td><td>L3（或T）</td><td>N</td><td>PE</td></tr>
</table>

除非另有指定，本工程仅使用一种低压线缆芯线代码识别方法。

（4）明装电缆的安装方法。

除非另有指定，电力线缆一般应安装于墙壁、天花板或其他建筑结构的表面，应使用电缆夹或鞍形码夹固线缆，电缆夹或鞍形码应按照表5.22所示相距沿线缆路径设置。

当无指定时，线缆应使用电缆托盘或线梯支承。

表5.22　　电力线缆安装用的夹码或鞍型码的布置距离　　单位：mm

<table>
<tr><td rowspan="2">线缆类型</td><td rowspan="2">线缆直径d</td><td colspan="2">支承距离</td></tr>
<tr><td>水平走向</td><td>垂直走向</td></tr>
<tr><td rowspan="2">VV/ XVV及IEC 60502电缆</td><td>d≤18</td><td>300</td><td>400</td></tr>
<tr><td>18<d≤35</td><td>500</td><td>600</td></tr>
<tr><td rowspan="3">IEC 60331及BS 6387电缆</td><td rowspan="2">35<d≤50</td><td>700</td><td>800</td></tr>
<tr><td rowspan="2">900</td><td rowspan="2">1000</td></tr>
<tr><td>d>50</td></tr>
</table>

1）固定电缆的鞍型码及夹码。

固定电缆的鞍型码及夹码应使用电缆制造商推荐的PVC材质。用作固定防火电缆的应使用专门制造的有塑料外皮的鞍码及夹码。此鞍码及夹码的外皮应由低烟无卤素物质组成，即按照IEC 60754规定所示进行燃烧测试时只释出十分低量的烟雾或腐蚀性气体。

2）线井内敷地电缆施放方法。

当线缆难以大部分地接触到时，应于每一个拐弯位置、每不超过15m距离规则地适当地装设穿线井。线井内应有足够空间保证线缆在其中无损伤地布施。若线缆为装甲电缆，则线井须为有铸铁制盖板的混凝土及砌砖结构线井，井内不应有沙或其他物料。当线缆须要在井内拐弯时，其适当的拐弯半径曲率应依据前述条文相关要求进行。

不同类别电路的分隔应提供不同的线槽或管道于不同类别的电路，若不同类别电路已各自分隔，可允许通过同一个穿线井。

线缆穿放完毕之后，线缆及露出的线槽或管道终端需要密气、密水及以防火填塞物封闭。开口式及后备槽管道应用硬质锥形木楔子塞住槽沟空端口。

线缆扳弯半径不应超过表5.23给出的曲率。

表5.23　　线缆的扳弯半径

线缆类型	全外直径	最小扳弯内半径
VV、XVV及IEC 60502 非装甲型圆形铜质导体电缆	10～25mm	$4D$
	25mm以上	$6D$
防火电路布线用电缆	按照电缆制造商的推荐	

5.8.8 泵站内辅助设施

（1）照明。

泵站内各场所区域应设有EN 12464—1—2002标准制订的室内照明质量，具体参数要求见表5.24。

表5.24　　　　　　　　室内照明质量参数表

序 号	场 所	平均照明度不低于/Lux	统一眩光等级不超过
1	泵房－电机层：		
	高压室	200	22
	副厂房－变频柜室	200	22
	低压柜室	200	22
	机电层	200	22
	检修间	500	19
	通道/走廊/楼梯	150	25
2	泵房－水泵层：	200	22
3	管理房－管理中心站：		
	消防水泵房	200	25
	卫生间	200	22
	会议室	500	19
	资料室	300	19
	仓库	200	25
	办公室	500	19
	值班室	300	19
	门厅	200	22
	通道/走廊	150	25
4	外场：建筑物外墙壁	100	—

承建商应按照适用于场所指定的外部影响环境条件下拟供应的器材，提供室内及室外所有照明用灯具，包括光通量、色温、闪频效应、照明度、均匀度、显色性及防眩目措施等详细的光学及电气、构成物料特征，及每一场所的光照图技术数据并符合EN 12464—1：2002标准的设计计算：

➢ 闪频效应，除了碘钨灯、钨丝灯或使用变换成高频电流电子式镇流器的荧光灯之外，其他安装在旋转运动机器上的灯具，应至少安装两盏接驳到不同相位的灯具。

➢ 涂漆，除非另有指定，例如不锈钢、电镀阳极极化处理过的铝质材料等表面无须处理的照明设备及灯具，其他应是髹有工厂制作的涂料。

灯具的金属部分如过路盒盖板、箱盒及悬管的隔板等，应被涂上配合特定安装处的颜色。

➢ 外部机械撞击力防护，照明器的IK等级（外部机械撞击力防护）应按照EN 50102规定，特征与AG级别之间是相互对应，如表5. 25所示。

表5. 25　　外部机械撞击力防护参数表

AG级别	IK等级
AG1	IK02
AG2	IK07
AG3	IK08 ～IK10[×]

注　[×] 按照冲击的严重程度。

1）一般照明。

照明包括有镇流控制器的灯具，应能适合使用于230V（－10 %，+6%）、50Hz（±2%），单相交流的供电。

灯具制造及质量标准须符合制造商及测试商两者的国际标准及其制造过程应符合ISO 9000有关的质量标准：

灯具：IEC 60598—2；

镇流器：IEC 60920或IEC 60921若适用；

电子式镇流器：IEC 60928或IEC 60929若适用；

电容器：IEC 61048或IEC 61049若适用；

辉光式起动器：IEC 60115；

电子式起动器：IEC 60926或IEC 60927若适用；

光管脚：IEC 60400；

T5荧光管：IEC 60081及/或IEC 60901若适用；

灯具内部布线：符合IEC 60245—7规定的450/750V耐热型橡胶绝缘电线，其线芯导体工作于温度不超过110℃下适合使用；

应出具测试证书及应按IEC 60598—2相关要求在灯具上标示证明。

T5荧光管支架包括镇流控制器、光管脚、电线接线座等，内部走线的电线要恰当使用各种颜色的代码电线。光管电路功率因子不应低过0. 85。

镇流器应使用低损耗的镇流器或电子式镇流器。18W及36W级支架用的低损耗镇流器的功率损耗不应超过6W；镇流器产生的噪声（在静音房间内量度）不应超过24dB；电子式镇流器应为预热式设计。

a. 照明器（灯具F1）。

照明器（灯具F1）应满足以下要求：

启动电路一般使用电子式启动器，其镇流控制器零件应安装在一块可拆卸的托盘上。灯具的结构应能适用于化学性腐蚀环境以及符合BS 4533和EN 60598—1的相关规定。按IEC 60529规定的侵入保护级数至少为IP 55；

灯具支架应由强化聚酯基玻璃纤维壳仓，及抗高冲击的聚碳酸酯连同内部棱镜散光罩以抗腐蚀夹扣系于灯具支架上。散光罩与支架壳体之间应装配宽阔无缝的聚亚安酯垫圈。外部装饰为白色亚卡力胶。灯具的最大亮度输出比率应不小于73%；

灯具支架应适合以20mm喉管安装且能直接安装至天花板上。而600mm长的支架则只需在中心位置开一个20mm孔洞；

采用功率2×36W的T5荧光灯，其形状如图5.4所示。

b. 照明器（灯具F2）。

照明器（灯具F2）采用1×22W的T5环形荧光灯，按IEC 60529相关规定侵入保护级数至少为IP55，其形状如图5.5所示。

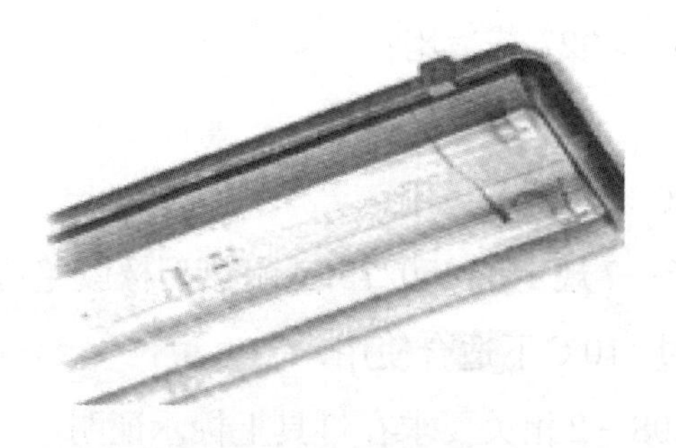

图5.4 灯具F1形状示意图

图5.5 灯具F2形状示意图

c. 室外灯具（灯具F3）。

室外灯具（灯具F3）应为全天候型，采用功率1×18W T5节能灯，

图5.6 灯具F3形状示意图

灯具的金属部分应做防腐蚀处理，能够揭开处理内置器材的部件，装设适合的密气、密水垫圈以阻止水汽及尘埃进入灯具。按IEC 60529相关规定的侵入保护级数至少为IP 55，其形状如图5.6所示。

2）安全照明。

照明器（灯具F4）为镇流控制器的灯具，工作电压应适合使用于230V（－10%，＋6%）、50Hz（±2%）单相交流的供电。灯具须符合制造商及测试商两者的国际标准，其制造过程应符合ISO 9000有关的质量标准：

灯具：IEC 60598—2—22；

逆变流装置：IEC 60924；

隔离变压器：IEC 60742；

镇流器：IEC 60920或IEC 60921若适用；

电子式镇流器：IEC 60928或IEC 60929若适用；

电容器：IEC 61048或IEC 61049若适用；

辉光式起动器：IEC 60115；

电子式起动器：IEC 60926或IEC 60927若适用；

光管脚：IEC 60400；

T5荧光管：IEC 60081或IEC 60901若适用；

灯具内部布线：符合IEC 60245—7规定的450/750V耐热型橡胶绝缘电线，其线芯导体在温度不超过110℃工作条件下适合使用；

应出具测试证书，应按IEC 60598—2相关要求在灯具上标示证明。

T5荧光管支架包括镇流控制器、光管脚、电线接线座等，内部走线的电线要恰当使用各种颜色的代码电线。光管电路功率因子不应低过0.85。

镇流器应使用低损耗的镇流器或电子式镇流器。18W及36W级支架用的低损耗镇流器的功率损耗不应超过6W；镇流器产生的噪声（在静音

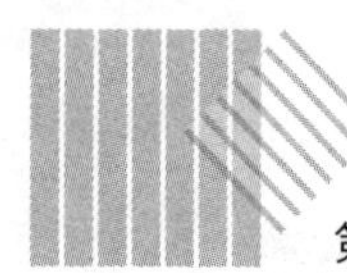

房间内量度）不应超过24dB；电子式镇流器应为预热式设计。

安全照明的功能要求包括：

应有“a. c. 电维持”型（即灯具被230V a. c. 电长期供给）。在a. c. 电力供应正常时，符合BS EN 61436及BS EN 61915—2规格的镍金属氢化物密封式电池应能被充电，保持饱满电力以备需要时启亮灯具，灯具可以经由分开专门的线路供应a. c. 电运行。当a. c. 电供应出现故障时，灯具应立刻自行转换到电池供电运行。一旦a. c. 电供应恢复时，灯具应自动地转回a. c. 电供应运行，电池应再次充电；

电池在其壳壁温度60℃时应能够连续地操作。电池容量充裕，以保证当a. c. 电供应故障时灯具至少可运作2h。电池寿命不应低于4年；

电池的充电装置应能够在24h内充饱电池。此装置应具有防止过充电性能；

供应此灯具的布线电路应装有在a. c. 供电正常时可正常操作的开关掣。一旦a. c. 供电故障时，不论其开关掣是开还是关，灯具随即自行启亮；

当2h电池放电期间模式全程输出时，光通量输出不低于“a. c. 电维持”模式运行下的50%。

整套的紧急照明灯具内部应配备以下零部件：

电池充电装置；

可充电、无须保养的镍金属氢化物密封式电池；

a. c. 电供电故障状况检测器；

自动转换开关，灯具能够在8ms之内由a. c. 电供电转换到电池供电；

供荧光管运行的逆变流器/镇流器；

电容器及自身装置产生的无线电磁波干扰抑制器；

能指示现在是“a. c. 供电正常供电”还是“电池放电中”的显示；

测试电池状况的按钮；

T5荧光管；

当电池电压变低时能将电池切离的保护装置；

电池过度充电的保护装置。

灯具支架的制作及安装要求包括：

以整片钢块成型的外壳，表面焗白色搪瓷漆；灯具应适合以喉管和位于支架中间的喉盒进行安装；

线缆的引入可选择由支架背中心位或支架两端的易开孔进入；

对供电侧的“a. c. 电维持”电路及充电电器分别提供恰当额定容量的熔断器和熔断器底座；

灯具应备有透明亚克力胶质散光罩。

a. 照明器（灯具E1）。

应急照明采用功率2×3W卤素灯，光通量不小于50lm，备用电源采用优质镍镉电池，提供不间断供电不少于2h，采用不燃材料，12h内充电不小于80%。若灯具不能完成应急功能或放电时间不够将会自动发出报警。其形状如图5.7所示。

图5.7　灯具E1形状示意图

b. 照明器（灯具E2、E3）。

出口指示灯及疏散指示灯布置时应考虑视线方向问题，出口指示灯宜贴于门上方。当交流电源因故障而不能正常供电时，标志灯在1s内，转换成备用电源工作的应急状态，备用电源采用高性能镍镉电池。灯具外壳、面板选用非燃烧材料制造，内部连线采用耐温大于125℃的阻燃导线。光源采用高效节能的LED，功率1×2W，标志表面最小亮度不小于50cd/m^2，最大亮度不大于300cd/m^2，提供不间断供电不少于2h，其形状如图5.8、图5.9所示。

图5.8 灯具E2形状示意图

图5.9 灯具E3形状示意图

3）照明相应配件物料及安装方法。

a. 灯具用开关掣物料。

灯具用开关掣应符合IEC 60669—1相关规定的器材。若室外安装、或暴露在雨淋或溅水位置的开关掣，应符合IEC 60529规定具有IP54的防护等级。

灯具用开关掣应适用于市电交流电路，或能够用于直流电路可迅速开关的微隙型结构。其前面盖应为塑料绝缘物料。

灯具用开关掣应指定为额定值5A或10A单极开关掣。

b. 灯具用开关掣安装。

灯具用开关掣应安装到离地完成面1350mm的位置处。

当相邻灯的开关彼此靠近安装时，应把所有灯的控制组装在同一箱壳上（多位开关盒），共享同一块控制盖面，但以每三个开关用一块面为限。

掣底盒、过路盒及分线盒若使用喉管，应是明式表面安装。

c. 适合的布线。

照明器41、F2、F3、F5）电路应使用前述定义的“一般电缆”$2\times1.5mm^2+T1.5mm^2$电缆表面式安装。

照明器44、F4、E1、E2、E3）电路应使用前述定义的“防火电缆”$2\times1.5mm^2+T1.5mm^2$电缆表面式安装。

（2）插座、布线器材及安装方法。

1）插座物料。

应装设符合BS 1363标准的13A插座。所有插座及插头应为三脚式及

应是有活动挡板构造。

全天候型插座应符合IEC 60309标准下具有揭盖帽扣环或具有橡胶垫圈的旋入式盖帽。此等插座应具有按照IEC 60529标准下规定的侵入保护等级。

2）插头物料。

除非另有指定，13A插头应配置有13A符合IEC 60269—1标准规定的熔断器。

插头内应配有良好设计的电线弹夹，因此接驳于接线端软线的导体不会承受机械应力。

3）插座安装。

插座的安装位置应尽量靠近固定或静止安放的用电器具旁边。工业场所内插座的安装位置应离地面完成面1350mm。而其他地点的插座应在300mm或插座底起计75mm高的地方完成安装。

4）适合的布线。

单相13A/16A插座电路应使用前述定义的“一般电缆”$2\times2.5mm^2$+T $2.5mm^2$电缆表面式安装。

三相16A插座电路应使用前述定义的“一般电缆”$3\times2.5mm^2$+$2.5mm^2$+T $2.5mm^2$电缆表面式安装。

第6章 特低压用电装置与电信设施及其布线

6.1 一般说明

“特低压用电装置与电信设备及布线”所指的是：

（1）市内电话插座及线路布线。

（2）使用铜－平衡线的信息处理设备终端插座及局域网线路布线。

（3）可能会有的光学纤维终端插座及线路布线。

（4）闭路电视摄像、保安监控系统终端及线路布线。

（5）中控室内及管理房与泵房之间内联的线路布线。

6.2 接地及保护

泵站管理房虽然使用了安装在电箱符合IEC 60364—4—413规定的剩余电流敏感自动切断的断路保护器件，但考虑到确保防止电信设备操作人员间接触电应是把正常情况下无电位的金属件接地。

装置外露可导电部件的接地是应是由包括所有布线的、及连接到电箱去的总接地电路的电路保护导体（CPC）所担当。保护导体应是黄/绿间色，导体类型相等于带电导体及截面尺寸相等于中性线导体。

对于人员的保护措施装置应是把建筑物的接地保护网络与等电位联结一同连接，通过连接导体把所有金属部件及所述的总接地装置汇流排连

接，包括：

（1）金属托盘及金属电缆槽管道。

（2）电信设备箱及设备的金属构件。

（3）供水的金属管道。

（4）可通达接近的金属元构件及建筑物的金属结构。

泵站为把雷击影响减至最低及电磁骚扰效应最小化，电信装置接地系统应还要考虑以下各方面：

（1）把雷击能量旁路耗散。

（2）对于在某种情况下危害人员的设备的可导电部分的危险电压采取安全措施。

（3）为了减低运行过程中的电磁噪声，应是提供一个稳定的地参考点与电信设备。

（4）正确连接到允许的唯一一个等电位点。

若怀疑电信设备存有大漏电情况时，应按照IEC 60364—7—707规定所指即如下的措施：

（1）设置高牢靠的保护接地电路。

（2）实施接地连续性监测。

（3）使用双绕组变压器供电。

电信设备过电压释放器的接地若同时满足以下两个条件的话，电信设备过电压释放器则可以接驳到电气装置外露可导电部分所用的接地电极：

（1）地电极电阻值是与电信设备的过电压释放器的接地要求是兼容的。

（2）电信设备过电压释放器以不是带有黄/绿色识别的接地导体直接连接了建筑物总接地端口。

若电气装置外露可导电部分的接地电极的特征不足以流过雷击电流的话，电信设备应使用特别的过电压释放器。

电信设备的接地应采取以下措施：

（1）所有系统及电信设备，若具有金属构件成分（通常是不带电的），应适当地连接到建筑物的基础地电极去。

（2）例如雷击防护的每一个系统，应使用其专用的接地电极，但应与建筑物的总接地进行等电位化连接。

（3）构成建筑物的所有金属结构（梁、楼板等）应与地等电位化。

（4）电信设备应连接到建筑物的总接地端口，不管是否将会作为等电位化连接的专用接地电极。

6.3　布线类型

6.3.1　电话设备布线

适用于室内电话线路布线的电缆，应具有不低于表6.1所示的构造特征及电气性能。

表6.1　电话线路电缆参数表

电话线路电缆								
序号	线缆代码	类型	标称绝缘电压	导体直径/mm	导体电阻/（Ω/km）	导体电容/（nF/km）	导体绝缘/（MΩ/km）	串音/800Hz
1	101100	TV	100/100V	0.6	136	120	300	75dB/500m
2	103100	TVV	100/100V	0.6	136	120	300	75dB/500m

6.3.2　信息处理设备的铜线局域网布线

（1）铜平衡线的等级。

指定的铜平衡线网络级别见表6.2。

表6.2　铜平衡线网络级别及参数

铜平衡线		
接驳级别	物料等级	最高频率
E	6	250MHz
F	7	600MHz

结构化线缆敷设的材料成分等级应是由线缆敷设的应用级别所确定：

1）物料等级第6级（六类线）应保有E级的接驳级别。

2）物料等级第7级（七类线）应保有F级的接驳级别。

（2）六类及七类铜平衡线缆的电气及机械特征，见表6.3、表6.4。

表6.3　　六类及七类铜平衡线缆的电气特征

六类及七类铜平衡线缆		
线缆等级	硬芯线缆	软芯线缆
6	EN 50288—5—1 EN 50288—6—1	EN 50288—5—2 EN 50288—6—2
7	EN 50288—4—1	EN 50288—4—2

表6.4　　六类及七类铜平衡线缆的机械特征

六类及七类铜平衡线缆		
导体直径	0.5～0.65mm	
导体类型	实芯	EN 50288—X—1 EN 50288—X—2
	编织	EN 50288—X—2
连同绝缘（层）的导体直径	0.7～1.4mm六类线	EN 60811—1—1
	0.7～1.6mm七类线	
导体数量	≥2×n（n=2，3，…）	
外皮标记	难以磨去的，每一米都标上生产商名字、批号及制造日期（星期及年份）	

6.3.3　信息处理设备的光学纤维布线

（1）室内使用的光学纤维线缆应具备下列条件：

1）方便开发为室内使用。

2）适应设备的互联。

3）高的灵活性。

4）全介质。

5）机械强度低。

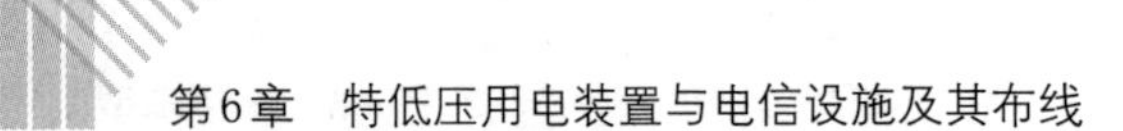

6）某些线缆都涂有阻燃热塑性材料，无卤素及减少烟雾的不透明度。

（2）装入导管内的光学纤维线缆应具备下列条件：

1）能够抗啮齿动物。

2）防潮。

3）全介质。

4）能够以拉或吹的方法进行安装。

5）良好的拉应强度。

（3）藏地用光学纤维缆应具备下列条件：

1）能够直接埋入地下。

2）能够抗啮齿动物。

3）防潮。

4）光学纤维对环境变化的防护。

5）光学纤维对生物攻击的防护。

6）优良的轴向压缩机械性能。

（4）表6.5列出光学纤维部分关联的标准，对应其相关的技术特征。

表6.5　　光学纤维标准

等同的各光学纤维标准		
IEC 60793—2—50：2004	IEC 60793—2—50：2008	ITU－T
B1.1	B1.1	G652a，b
B1.2	—	G654a
	B1.2_b	G654b
	B1.2_c	G654c
B1.3	B1.3	G652c，d
B2	B2	G653a，b
B4		G655a
		G655b
	B4_c	G655c

续表

等同的各光学纤维标准		
—	B4_d	G655d
—	B4_e	G655e
—	B5	G656
—	B6_a	G657a
—	B6_b	G657b

（5）ITU－T G. 652 规格的光学纤维见表6. 6。

表6. 6　　ITU－T G. 652规格的光学纤维

ITU－T G. 652规格的光学纤维	
标准单模光学纤维	ITU－T G. 652
截止波长	1. 18～1. 27 μm
模（电磁波）场直径	9. 3（8～10）μm±10%
护套外径	（125±3）μm
有机硅涂料（涂层）	（245±10）μm 丙烯酸酯
护套圆形度误差	2%
模（电磁波）场同心度误差	1 μm
波长1300nm时的衰减	0. 4 ～1dB/ km
波长1550nm时的衰减	0. 25 ～0. 5dB / km
于波长1285～ 1330nm时的色散	3. 5ps /（km・nm）
于波长1270 ～1340nm时的色散	6ps /（km・nm）
于波长1550nm时的色散	20ps /（km・nm）

6. 3. 4　视频布线

适用于室内布线的视频传输高频同轴电缆：

（1）同轴电缆应具有起码下列的构造特征见表6. 7。

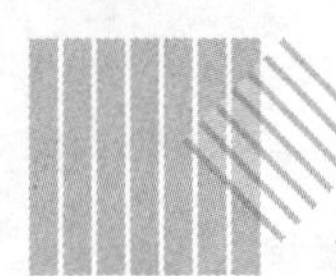

表6.7　　常用同轴电缆的材料特征表

常用同轴电缆											
U.S.A. MIL−C−17B标准规格	电气特性		线芯导体		电介质		外导体材料	外皮		允许有效电压/kV	备注
	阻抗Z/Ω	电容C/(pF/m)	材料	直径/mm	材料	直径/mm		材料	直径/mm		
RG−59A/U	75±3	68.9	CW	0.58ϕ	P	3.7ϕ	C	V2	6.1ϕ	2.3	射频/视频基带

注　1. 线芯导体材料：CW代表熔合铜线；
2. 电介质材料：P代表聚乙烯；
3. 外导体材料：C代表铜；
4. 外皮材料：V2代表无污染聚氯乙烯。

（2）同轴电缆应具有不低于表6.8所示的电气性能。

表6.8　　常用同轴电缆的电气及高频特性表

常用同轴电缆										
型　号	电屏蔽[dB]	每100m电缆的高频损失[dB/100m]								
		100Mc	200Mc	300Mc	400Mc	500Mc	600Mc	700Mc	800Mc	900Mc
RG−59A/U	−70	20.1	23	25	27.5	30	32	34	36	37.6

6.3.5　建筑物之间内联的线路布线

中控室内及管理房与泵房之间内联的线路布线采用$KVVP_2$−0.6/1kV铜芯聚氯乙烯绝缘聚氯乙烯护套铜带屏蔽控制电缆。

（1）电缆结构。电缆结构除了符合GB/T 9330—2008标准的规定之外，还应满足以下要求。

1）导体。导体应是退火铜线。

2）电缆的允许弯曲半径。无装甲层的电缆应不小于电缆外径的6倍；有装甲或铜带屏蔽结构的电缆，应不小于电缆外径的12倍；有屏蔽层结构的软电缆，应不小于电缆外径的6倍。

3）绝缘。绝缘应紧密挤包在导体上，绝缘表面应平整，色泽均匀。且应容易剥离而不损伤绝缘体、导体或镀层。各截面绝缘标称厚度见GB/T 9330—2008，绝缘厚度平均值最小测量值应不小于标称值。绝缘线芯应能经受GB/T 3048.9规定的交流50Hz火花试验作为中间检查。绝缘线芯应采用颜色标志或数字标志以示识别，并应符合GB/T 6995.4—2008的规定。

4）屏蔽。屏蔽型电缆在缆芯外应有铜带或圆铜线编织构成的屏蔽层。应留有屏蔽层接地线，其线径应大于0.5mm。

圆铜线编织屏蔽允许用软圆铜线或镀锡圆铜线构成，其编织密度应不小于80%。编织层不允许整体接续，露出的铜线头应修齐。每1m长度上允许更换金属线锭两次。

允许采用0.05～0.15mm的软铜带重叠绕包。

屏蔽和缆芯之间应重叠绕包两层合适的非吸湿性带子。屏蔽后，允许绕包一层合适的非吸湿性带子。

5）内衬层。金属铠装电缆应有内衬层，内衬层可以挤包或绕包。挤包的内衬层应不粘连绝缘线芯，绕包的内衬层可以采用双层或多层重叠绕包。挤包或绕包内衬层厚度最小值应不小于GB/T 9330—2008标准规定标称值的80%。

6）填充物及隔离层。绝缘线芯间的间隙允许采用非吸湿性，且适合电缆运行温度，并与电缆绝缘材料相兼容的材料填充，填充物应不粘连绝缘线芯。

成缆线芯和填充物可以用非吸湿性材料薄膜带绕包隔离层。

7）外护套。外护套应采用聚氯乙烯料挤包。

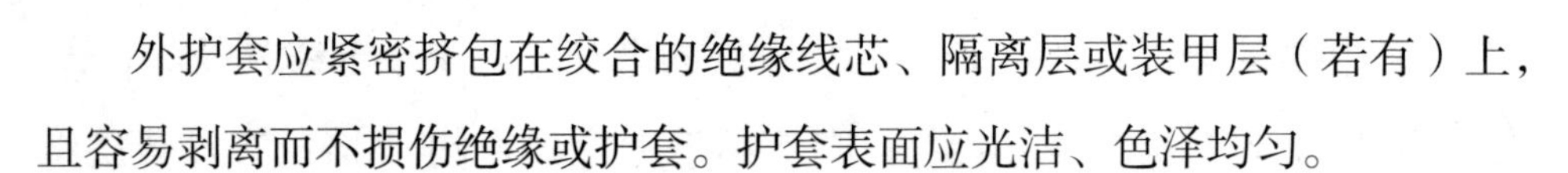

外护套应紧密挤包在绞合的绝缘线芯、隔离层或装甲层（若有）上，且容易剥离而不损伤绝缘或护套。护套表面应光洁、色泽均匀。

外护套厚度符合GB/T 9330—2008标准的规定。

8）电缆不圆度。电缆不圆度应不大于10%。

9）电缆阻燃要求。采用阻燃电缆时，电缆的阻燃特性和技术参数要求应符合GB/T 19666—2019标准的规定。

（2）试验。对于电缆的试验及检验应按照GB/T 9330—2008及技术规范书进行试验。试验应在制造厂或技术监督部门指定的检验部门完成。所有试验费用应由承建商方面全面承担。

6.4　喉管及电缆槽

6.4.1　喉管

适用于固定式明装或暗装的喉管，其机械阻力强度达2J、不渗水、硬质、材料为绝缘物质、能抵抗空气中一般潮湿腐蚀、无电屏蔽层、适合使用于温度－5～40℃环境的喉管以及与其配合使用卡扣、过路盒及终端盒等配件。

（1）符合NP—949/EN 61386规定、代码为VD的喉管及与喉管配合一整套使用的疏结、杯疏、过路盒、终端盒配件及黏合剂。

（2）符合IEC 60614—2—2规定、能抗重荷机械力及在－5～60℃环境温度范围内能永久使用的喉管；符合IEC 61035配合喉管使用的疏结、杯疏及黏合剂；符合IEC 60670规格的过路盒、终端盒配件；

（3）若能保证不会降低工程质量条件及经有关方面同意下，可以考虑接受使用BS 4607：pt. 1，2规格的喉管；BS 6099：pt. 1，2规格配合喉管使用的疏结、杯疏及黏合剂；BS 4662规格的过路盒及终端盒配件。

6.4.2 电缆槽

固定式明装或暗装电信线路布线用的电缆槽机械抗阻力不应低于代码规定为M5，即其机械阻力强度达2J的电缆槽。若电缆槽为钢材构造，则电缆钢槽应具有以下特征：

（1）表面明装式钢槽。表面式安装的电缆钢槽及其配件器材应与IEC 61084—1设定的要求兼容一致，且应以钢块材料按表6.9所示的标称厚度制造，并给出了表面式安装的电缆钢槽的槽身尺寸、盖的厚度及优选长度见表6.9。

表6.9　　表面式安装的电缆钢槽规格表　　单位：mm

表面式安装的电缆钢槽的槽身尺寸、盖的厚度及优选长度			
槽身外围尺寸	有反折凸缘的槽身起码厚度	无反折凸缘的槽身起码厚度	槽盖起码厚度
50×37.5	1.0	1.0	1.0
50×50	1.0	1.0	1.0
75×50	1.2	1.2	1.2
75×75	1.2	1.2	1.2
100×50	1.2	1.2	1.2
100×75	1.2	1.2	1.2
100×100	1.2	1.4	1.2
150×50	1.2	1.4	1.2
150×75	1.2	1.4	1.2
150×100	1.2	1.4	1.2
150×150	1.4	1.6	1.2
200×100	1.6	—	1.4
225×50	1.6	—	1.4
225×75	1.6	—	1.4
225×100	1.6	—	1.4
225×150	1.6	—	1.4
225×225	1.6	—	1.4
300×50	1.6	—	1.6
300×75	1.6	—	1.6
300×100	1.6	—	1.6
300×150	1.6	—	1.6
300×300	2.0	—	1.6

注　优选长度：3m，最小：2m，最大：3m；分隔板及间格件标称厚度：1.0mm。

（2）暗式地枱安装钢槽。装地枱钢槽管应与IEC 61084—1设定的要求兼容一致，且应以钢块材料按照表6.10所示的标称厚度制造。并给出了暗示地枱安装的钢槽的槽身尺寸、盖的厚度及优选长度见表6.10。

表6.10　　暗式地枱安装的电缆钢槽规格表　　单位：mm

装地枱钢槽管道的槽身尺寸、盖的厚度及优选长度				
槽身（不计反折凸缘）外围尺寸（宽×深）	隔仓	有隔仓槽身宽度所对应的标称厚度		隔仓/连接件材料的标称厚度
		宽度不超过100mm	宽度不超过150mm	
（75±4）×（25±1.2）	1个	1.2	—	1.0
（75±4）×（37.5±2）	1个	1.2	—	1.0
（100±5）×（25±1.2）	1～2个	1.2	—	1.0
（100±5）×（37.5±2）	1～2个	1.2	—	1.0
（150±7.5）×（25±1.2）	2～3个	1.2	1.6	1.0
（150±7.5）×（37.5±2）	2～3个	1.2	1.6	1.0
（150±7.5）×（25±1.2）	1个	—	1.6	1.0
（150±7.5）×（37.5±2）	1个	—	1.6	1.0
（225±11.2）×（25±1.2）	2个	1.2	1.6	1.0
（225±11.2）×（37.5±2）	2个	1.2	1.6	1.0
（225±11.2）×（25±1.2）	3个	1.2	1.6	1.0
（225±11.2）×（37.5±2）	3个	1.2	1.6	1.0

注　优选长度：3m，最小：2m，最大：3m；电缆钢槽工程的安装应保持同一尺寸。

除非事前获得有关方面批准，电缆钢槽工程应全程使用同一制造商制造的标准配件器材。

（3）钢槽对抗腐蚀的保护。表面式安装的电缆钢槽及暗式地枱安装的钢槽及与其关联的配件器材应具有按照BS 4678规定的要求，如热浸锌涂料及BS 2989的规定的第3级对抗腐蚀的保护。

（4）电缆钢槽构造。表面式安装的电缆钢槽应为正方形或矩形截面形状，电缆钢槽的其中一边应是可打开的或铰连接的。不容许钢槽内有凸出的螺丝或其他锋利配件。钢槽应专门设计允许安装于结构楼板内，能防止水分及泥水工批荡时泥浆的侵入。

第7章 泵站自动化监控系统

7.1 计算机监控系统

7.1.1 系统方案

（1）建设要求。监控系统按“无人值班、少人值守”的目标进行设计，泵站日常运行完全采用计算机监控系统进行监控。系统必须满足以下条件：

1）系统安全可靠，并且有自诊断功能。系统的关键部位如系统主机应具有冗余配置、互为备用。

2）系统配置先进、技术成熟开放、可扩充性强。主要硬件设备选型应以进口名牌产品为主。

3）系统的性能价格比高，经济实用。

4）系统应具有较好的可维护性、设计标准一致，统一规范、具有方便友好的人机界面。

5）应充分考虑系统的抗干扰及防雷电破坏能力。

6）系统结构和设备选型均应达到全开放式的要求，便于系统功能和设备的扩充，便于与日后发展的各系统连接与通信，如与上级调度中心计算机系统通信，实现遥信、遥测、遥控、遥调、遥视；与工业电视通信，实现遥视功能。

（2）建设内容。泵站计算机监控系统应采用分层分布式结构，包括集中监控层和现地监控层两层，实现“遥信、遥测、遥控、遥调”功能。当监控系统退出运行时，可由人工观察现场，在具备开机的条件下，通过操作开关柜上的相应按钮来控制机组运行。

集中监控层由服务器和操作员工作站组成，是监控系统核心，负责整个泵站的集中监控，具有实时及历史数据库、预留接口可以与上级单位进行通信。

现地控制单元（以下简称“LCU”）是一套完整的单元控制装置，可脱离主控级微机独立运行。LCU柜直接完成生产过程的实时数据采集及预处理，本单元设备状态监视、调整和控制，以及与集中控制层的通信联络等功能。

现地监控单元的控制主站即公用LCU与集中监控层（控制台）的网络连接应采用双绞线以太网连接，公用LCU与现地机组LCU单元层之间主干通信网络采用高可靠的光纤自愈环网结构。通过网络信道对泵站各种信息、视频图像等具有查询、访问、远程浏览功能，根据授权许可实现主机的远方开停机操作；现地监控单元与水泵机组开关柜等电气及工艺设备采用硬接线的方式连接，实现数据监测、监控和监视功能。

在机组的LCU柜上各设置集中（远程）/现地监控层的控制权切换开关，只有切到“远程”时，集中监控和远程监控主机才能实施控制和调节命令。当切换开关切到“现地”时，只能通过现地LCU柜上的控制开关实施控制和调节命令。当机组LCU操作面板发生故障时，不影响集中监控和远程控制对机组LCU柜的控制。

1）集中监控层。集中监控层位于本工程管理房的监控中心室，采用100Mbit/s快速以太网络技术，TCP/IP网络协议，组成开放的计算机网络系统。主要设备包括1套控制台，1台服务器，2台工作站组成热备用系统，1台网络交换机，1台网络激光打印机用于打印各种报表曲线等历史记录，1套在线式UPS电源实现监控工作站、网络设备等的电源供应和1套语音报警系统，可以在中控室或厂房对泵站故障和事故发语音告警信号。系统具有完整的调音和测试功能。运行人员还可对系统数据库进行设置，定义发生哪些事故时，监控系统需要进行自动报警。

2）现地控制层。现地层有10台水泵机组，在机组旁设10套机组LCU，另设1套公用LCU放置在中控室，共11套现地LCU。现场控制单元层通过光纤自愈环网实现与集中控制层连接交换信息，实现现地设备的

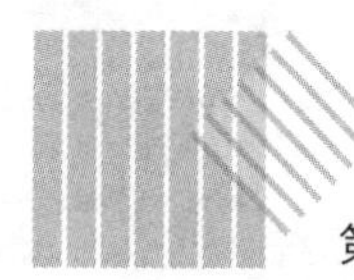

监视、控制及数据共享。部分没有通信接口的设备则通过现地控制单元的I／O模块实现设备的控制和状态检测。

a. 现场控制层采用可编程控制器（PLC），PLC装在现场机柜里，通过接口设备接入计算机网络；

b. 现场控制单元包括手动控制和自动控制两部分。手动控制主要由各控制箱里的控制按钮、信号灯等组成；自动控制由PLC组成。

（3）技术要求。集中监控层和现地监控单元的设计特点应能满足以下要求：

1）全部功能通过综合一体化系统来完成，各现地层单元和中控层微机设备间应相互独立，各现地层单元完成的功能不依赖通信手段，系统中任何单元的局部故障不会影响其他现地层单元或中控层设备的正常工作。

2）机组LCU应可独立于上位机运行，即当上位机检修或故障时，LCU仍可对机组进行顺序控制。

3）系统通过网络通信接口进行信息远传，但全部信息应保存在单元设备中。

4）系统采用强电信号隔离，软硬件均应考虑抗干扰措施（屏蔽接地、防雷电等）。

5）系统的软件应具有开放性，可通过规约转换等设施，应能将通信协议不同的设备（如多功能电能表等）信息接入本系统。

6）系统应具有功能较强的人机接口、中英文的友好界面，系统画面、打印格式组态方便，用户可自行生成新的输入／输出方式。

7）电气参数应采用多功能电表采集，能显示各种电气参数的屏幕液晶显示和可供操作的键盘，装置精度不低于1级。多功能电表、微机保护和LCU之间采用串行通信，通信协议为MODBUS。

8）系统所有的开关量和模拟量均应有防抖动滤波抗干扰措施。

7.1.2　系统设计

（1）计算机监控系统图。泵站计算机监控系统图见图7.1。

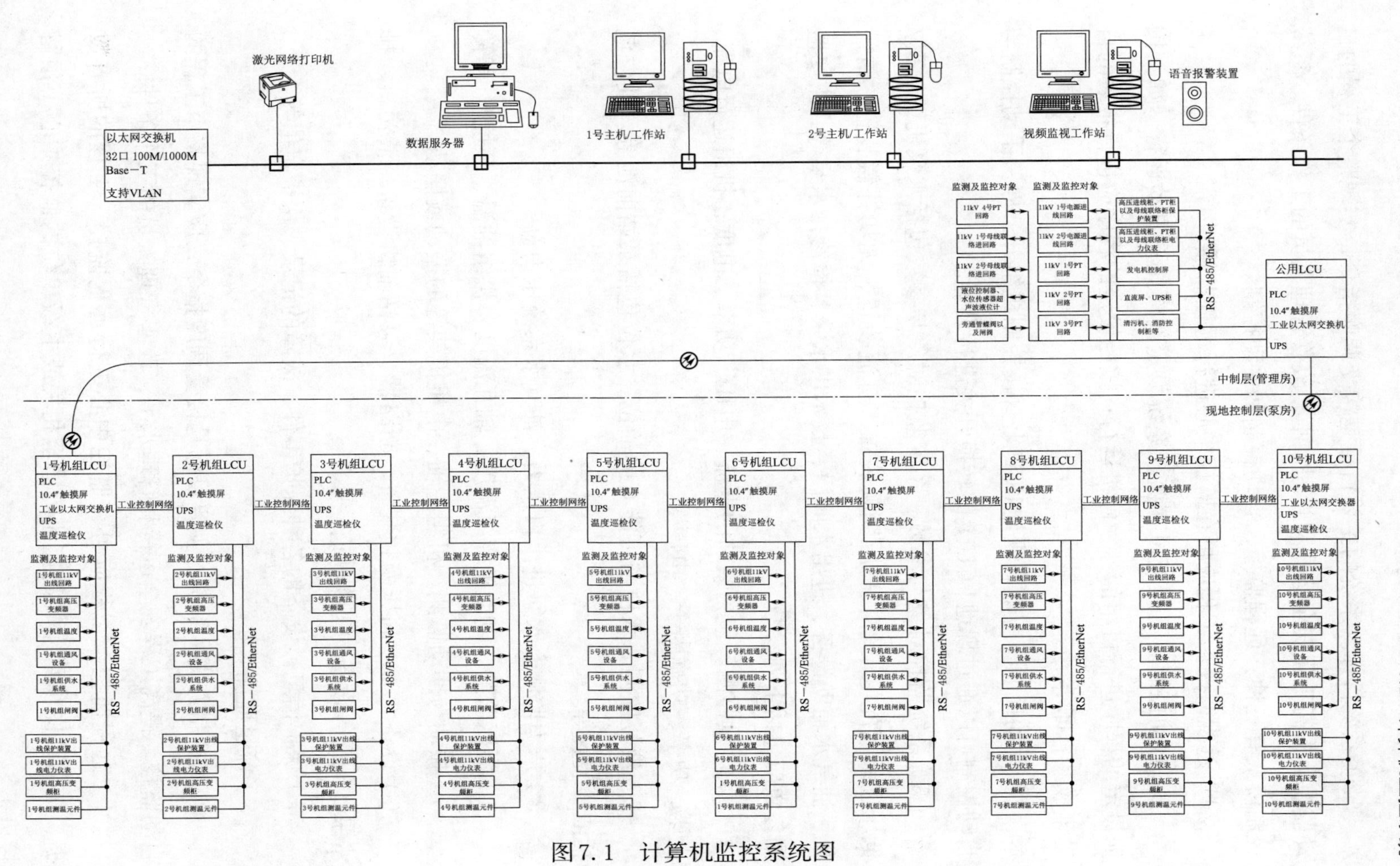

图7.1 计算机监控系统图

（2）系统目标。系统的主要目标是接受调度指令，实现整个工程的自动监控。提高工程安全运行和管理水平，改善管理人员的工作条件。系统控制模式有三种：远程监控、自动控制和手动控制。

1）远程监控。工程应可在监控中心进行远程监控。

2）自动控制。工程应可在监控系统设定的模式下自动运行。如：按照设定的程序进行机组的开、停机运行；按照设定的程序应进行报表的自动生成和打印等。

3）手动控制。应能在现地LCU上直接控制机组开、停。手动控制与自动控制可以通过现地LCU上的转换开关进行设置。

（3）系统监控对象与参数。系统监控对象与参数包括水泵机组、高/低压进线及配电设备、高压变频装置、直流装置、无功补偿装置、清污机、油气水辅助设备、进出水阀门、技术供水泵、检修排水泵等，主要监测参数应包括下列参数。

1）电量监测。包括泵站的电流、电压、功率、电度；机组运行电流、电压、功率、功率因子、电度等。

2）液位监测。水位与可能有的油位。水位包括泵站前池等。油位包括油压装置等。

3）压力监测。水泵进出口压力、油气水系统压力等。

4）温度监测。电动机绕组温度、轴瓦温度、机组油温、环境温度等。

5）振动与摆动监测。机组主轴、电机机架等的振动或摆动。

6）设备状态。高压变频装置、断路器、泵站辅机设备、清污机、排水泵、阀门等设备的工作状态。

7）保护信息。设备的各种保护事件、故障的记录、保护定值等。

8）流量监测。

（4）控制方式。系统的主要目标是接受调度指令，应实现整个工程的自动监控。提高工程安全运行和管理水平，改善管理人员的工作条件。

1）远程监控。工程应可在监控中心进行远程监控。工程的所有数据、信号及图像可靠、高速地传输至相关或上级单位的监控中心（预留接口）。

2）自动控制。工程应可在监控系统设定的模式下自动运行。如：按照设定的程序进行机组的开、停机运行；应能按照设定的程序进行报表的自动生成和打印等。

3）手动控制。应能在现地LCU上直接控制机组开、停。手动控制与自动控制可以通过现地LCU上的转换开关进行设置。

（5）控制策略。

1）所有设备输出的状态和故障信号均应接入中央控制系统，且须能满足系统安全控制和可靠运行要求。因PLC、仪表、设备等的信号输入输出方式、具体名称有差别，供货商应根据最终选定的各产品提供施工图则和说明供设计方审核。

2）通过设置特定的PLC编程控制、上位软件以及硬件联锁方式，任何情况下只会有7台水泵电动机连接到电力主回路上。

3）水泵及其配套设施以及前后的阀门为完整的一套设备，除非检修需求，不允许单独操作各设备。现场配电箱设置手动/自动选择，以方便检修，注意现场检修必须将此旋钮设置到手动位置，并挂牌警示。同时远程控制可设置远程手动/远程自动按钮，以方便中控室为均衡运行将机组排除运行序列。

4）为保证水泵运行平稳高效，需设置三个可调参数：初始频率（建议35Hz），运行范围下限（建议20Hz）、运行范围上限（建议48.5Hz）。运行范围应根据水泵特性调整，以保证始终运行在特性曲线的稳定运行区间，控制时间建议取2～4s，根据调试确定。

5）为满足水泵和辅助阀控制需要，前池水位需设置三个可调参数：低位限制水位（建议1.4m）、正常控制水位（建议1.69m）、高位限制水位（建议1.89m）。

6）系统初始，所有泵停机，自排阀开启。当水位到达低位限制水位时，开始启动水泵，关闭自排阀，之后水位变化增加或减少水泵运行数目。水位低于低位限制水位下0.2m（即1.2m），且只有一台水泵运行，并已到运行范围下限时，所有水泵停机，开启自排阀；水位高于正常控制水位，且所有允许投入水泵运行到运行范围上限时，允许全速运行；若

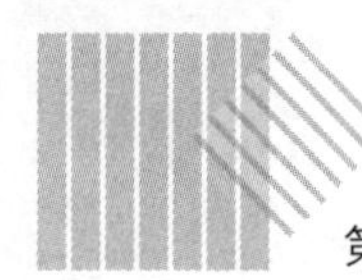

继续水位上升至高位限制水位，开始警示；若继续水位上升至警戒水位（3m），开启溢流阀，并紧急报警。

7）为避免水池水流紊乱，投入的水泵所在位置应尽可能均衡，可设置运行序列表；所有运行中的水泵保持同一频率运行，以前池水位做死循环控制，考虑到水流滞后应允许水位做一定幅值的波动。当所有投入运行的水泵运行到运行范围低值时，逐台减少水泵运行数量。当所有投入运行的水泵运行到运行范围高值时，逐台增加水泵运行数量。

8）为保证均衡使用，投入运行的水泵顺序以总运行时间为队列，数值小的先投入，或按运行序列表，切除运行的水泵顺序以已运行时间为队列，数值大的先切除，且超过设定轮换时间的水泵强制轮换。

9）清污机可为独立设备，但其运行状态及报警信息必须接入中央控制系统。考虑到运行维护的需要，其PLC须与泵站PLC为同一厂家同系列的产品。

10）泵站其他低压控制设备的控制需根据水泵运行要求联锁运行，如风机、技术供水泵、检修排水泵等。

11）报警信息应根据重要性分类：影响整个泵站运行的为严重等级，声光紧急报警，如前池水位溢出、电力供应中断、公用冷却水系统中断等。影响某机组某设备运行的为警示等级，长间隔声音提示及信息闪动。警示级别需根据现有值班制度要求定义。

（6）技术参数。

1）运行环境适应性。

a. 控制室和机房（有空调）温度：15～30℃。

b. LCU现场温度：－5～40℃。

c. 控制室和机房（有空调）适度：30%～80%。

d. LCU现场适度：10%～95%（无凝结）。

2）振动和冲击。

a. 控制室和机房：振动频率范围5～200Hz，加速度不超过5m/s²的条件下长期运行。

b. 现场：振动频率范围为10～200Hz，加速度不超过$10m/s^2$的条件下长期运行。

3）电磁干扰和电磁兼容性。

a. 电磁干扰极限：离设备1m处不超过1V/m（30～50MHz电磁波）。

b. 电磁兼容性：800A/m。

4）实时性。数据采集时间应满足以下要求：

a. 电气仿真量采集周期小于或等于1s。

b. 非电气量的采集周期小于或等于1s。

c. 温度采集周期温度量小于或等于2s。

d. 开关量采集周期开关量小于或等于1s。

e. 中断开入按中断级别随时响应。

f. 报警量采样时间小于或等于1s。

g. 事故追忆：事故前后各30个点，1点/s。

h. 脉冲量采集：连续无延迟脉计数累加小于1s。

i. 站级中控层数据采集时间小于1s。

j. 对具有分辨率要求的事件顺序点（SOE），其分辨率小于或等于2ms。

站级层控制命令响应时间应满足命令发出到执行机构接收并执行该命令的响应时间小于1s；调度层控制功能响应时间：

a. 自动控制命令响应时间小于或等于2s。

b. 调度计划给定至执行周期：可调。

双机切换时间为无扰动切换。人机接口响应，调用新画面的时间：

a. 从调用指令开始到图像完全显示时间，站级小于或等于2s，调度中心小于或等于2s。

b. 动态画面数据刷新时间小于或等于1s。

c. 操作人员令发出到回答显示时间小于或等于2s。

5）可靠性。本系统在现场可能出现的恶劣条件下，均应能可靠地按要求完成设备的操作。控制系统应具有足够的抗过电压、远距离控制的能力，在湿度大、灰尘多的环境下能长期稳定地工作。

控制系统中任何设备的单个组件故障不会造成关键性故障，系统应具有防止多组件和串联组件故障的功能。

系统的可靠性还应满足以下要求：

a. 系统主计算机设备MTBF（平均故障间隔时间）大于或等于20000h。

b. 系统网络设备MTBF大于或等于50000h。

c. 系统外围及人机接口设备MTBF大于或等于20000h。

d. 现地控制单元大于或等于35000h。

e. 平均维修时间（MTTR）大于或等于30000h。

6）可利用率。

a. 各层计算机监控子系统可利用率大于99.96%。

b. 备用点（不少于使用点）大于20%。

c. CPU平均负载率小于40%。

d. 信道利用率（数据率）小于20%。

7）扩充性。采用开放的系统结构和流行的工业控制组态软件，系统可方便地进行系统扩充、升级。

LCU的PLC机架均预留2～4个I/O模块扩展槽，I/O配置要求比实际使用预留应超过20%左右的备用点。

在系统中CPU在每分钟内的平均负载率不超过40%。

集中监控层主机内部存储器预留40%的区域，主机外存可热插入增加容量。

LCU提供2个RS485串行通信口用于与串行设备通信使用，并满足今后扩充需要：

a. 备用点（不少于使用点）大于20%。

b. CPU平均负载率小于45%。

c. 信道利用率（数据率）小于20%。

8）可维护性。设备应具自诊断程序及寻找故障程序，指出故障所在部位。在现场更换故障部件后立即恢复工作。

当有故障时，系统能够方便地试验和隔离故障的断开点。配备合适的

专用安装拆卸工具。

用户可以根据需要方便地修改和升级软件系统。

通过以太网络，工程师站应可方便在主机直接进行对多台PLC进行参数、程序的修改、调试和诊断，方便系统维护管理。

9）系统安全性。本系统应具有高度的操作安全、通信安全、控制系统设备安全等性能保障，以保证被控设备安全运行，系统的安全性能包括但不少于以下方面要求：

a. 控制系统对每一功能和操作提供检查和校核，有效禁止误操作并报警。

b. 集中监控层设置控制权口令，非授权人不能操作。集控监控层与现地监控层之间设置操作权闭锁，两级不能同时操作，现地控制权最高。

c. 各现地控制装置在脱离集中控制级时能独立、安全运行。

d. 系统设计保证在报警信息中的一个信息量错误不会导致系统关键性故障（如使外部设备误动作、造成系统主要功能的故障等），出错或失效时发出警告。

e. 集控监控层与现地监控层之间的通信包括有效控制信息时，能够对响应有效信息或没有响应有效信息作明确肯定的指示。当通信失败时，系统能够重复通信并报警。

f. 具有电源故障保护和自动重新启动功能。系统设备故障能自动切除或切换，并报警。

g. 由于采用在线式UPS，交流电源的电压在额定电压±10%范围内波动时，系统运行状态应不受任何影响。

（7）系统特点。本工程计算机监控系统特点应满足如下要求：

1）计算机测控管理系统采用计算机监控和后备硬件手动控制两种方式。

2）监控系统应能满足快速可靠、经济实用和便于扩充、升级等基本原则。并充分体现其先进性，采用分层分布开放式系统结构。

3）监控系统高度可靠，不会因其本身的局部故障而影响现场设备的正常运行。

4）分层分布式网络结构，硬件结构化、模块化，软件标准化、规范化。

5）操作系统运行稳定、可靠，支持多主、多任务，与数据库系统最佳配合。

6）数据库管理系统功能强大，成熟通用，采用ODBC标准，与监控核心软件最佳连接。

7）设备配置可靠性高、性能好。采用高性能主机，高速数据处理，性能稳定。PLC选用有信誉的品牌，工作稳定可靠。

8）系统重要部件采用可靠性高的冗余结构：系统主机应采用双机热备用；监控系统对工程中重要设备应设有二级控制：集中控制和现地控制；公用LCU作为主站直接通过以太网与网络进行通信，确保当现地LCU面板操作开关出现故障时，监控系统仍能从远方监控所控设备（包括机组开、停机控制）。

9）网络结构先进，实时性好：主干网络应采用不小于100Mbit/s快速以太网，公用LCU作为主站与现地机组LCU组成可靠地光纤自愈环网结构。

10）系统开放性好，应能方便地与第三方设备通信：监控软件应采用国际流行的工控组态软件，支持多个厂家的PLC、微机继电保护装置、现地仪表等产品联网，系统扩充升级方便；通用流行的软件数据库和报表工具，方便用户掌握和二次开发。

11）系统管理维护方便：系统管理员通过以太网直接远程对各PLC进行参数、程序的修改、调试和诊断，极大地方便了系统维护管理。

12）采用运行成熟、可靠的高级管理软件。

13）监控系统应考虑与微机保护系统的接口。

7.1.3　系统功能

系统应由上位机管理层和现场测控层组成。上位机管理层除能迅速可靠、准确有效在完成对各工艺设备的监视和控制外，还应能完成对整个系统的运行管理，包括历史数据存盘、检索、运行报表生成与打印、对外通

信管理等。现场测控层主要完成对各工艺设备的监视和控制、操作要求及与主控级的通信。

（1）上位机管理层。

1）数据采集和处理。通过以太网把现场PLC的数据采集到系统数据库，供中控室上位机系统使用。

2）实时控制。运行人员通过操作台上的标准键盘和鼠标等，对监控对象进行远方控制；所有接入系统的工艺设备均应采用现场操作与远方操作两种控制方式，互为闭锁，在现场切换。

3）安全运行监视。

a. 状态监视。监控对象状态变化的显示与打印。

b. 过程监视。在控制面板显示器上，仿真显示水泵、闸门等工艺设备及电气设备的运行过程。

c. 异常监视。监控系统中硬件和软件发生故障、错误时立即发出警报信号，并在显示器及打印机上显示记录，指示报警部位。

d. 事件顺序记录。当发生事故或故障时，应可进行事件顺序记录、显示、打印和存盘；每个记录应包括点的名称、状态描述和时标。

e. 生产管理。应具备水泵、闸门、阀门、风机等工艺设备的运行情况表，事故记录表的打印；以数字、文字、图形、表格的形式组织画面进行动态显示；各种事故、故障统计表；水泵等操作次数统计表；各种模拟量上、下限值整定表。发生水泵、阀门及系统故障等，可发出报警。

f. 人机对话。输入各种数据，以更新修改各种文件，人工置入各处缺漏的数据，输入各种控制命令等，以监视和控制各种工艺设备及电气设备的运行。

g. 数据通信。监控系统设备间通信即主控级与现场控制级单元之间的通信采用以太网结构。

h. 系统诊断。主机硬件故障诊断能在在线和脱机方式下自检计算机和外围设备的故障；主机软件故障诊断能在在线和脱机方式下自检各种应用软件和基本软件故障。

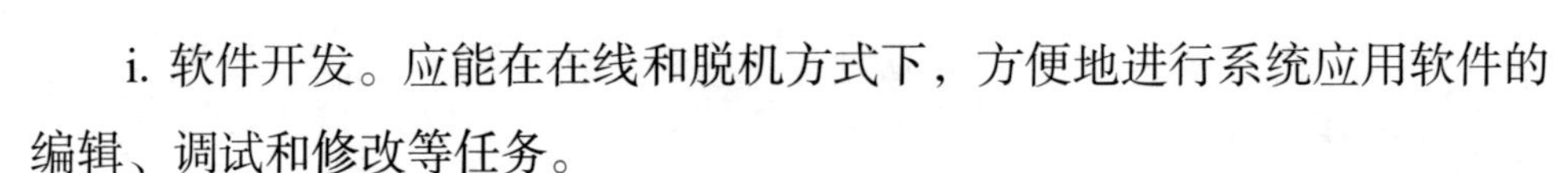

i. 软件开发。应能在在线和脱机方式下，方便地进行系统应用软件的编辑、调试和修改等任务。

（2）现场测控层。

1）数据采集和处理。水位、流量、高低压电压、电流、电机温度、发电机各种模拟量；水泵的开、停、故障状态；清污机、阀门、起重机及风机等设备全开、全关、故障状态；高低压开关的状态等。

2）实时控制。现场操作人员可根据PLC的信号显示，设备的状态指示，用按钮及开关等对所控制的工艺设备进行开/停操作；PLC通过以太网络接收主控级的指令，自动完成对所有工艺设备的操作；现场操作与远方操作可通过设于现场控制屏上的转换开关切换。控制优先级为现场操作优于远方操作。

3）信号显示。LCU柜上设置反映水泵、油气水辅助设备、闸门等工艺设备及电气设备的状态。

4）数据远传。PLC通过接口及网络将有关信息送达中控室主机。

（3）系统监视与报警功能包括。

1）系统运行状态实时监视。实现对主机组、公用设备、辅助设备、变配电系统等重要设备的实时监视。

2）过程监视。可实现对主机组、公用设备、辅助设备、变配电等主要设备的启停等操作过程的监视，当发生故障时能够给出故障原因。

3）事故与故障信号报警及记录功能。

a. 完成故障信号、参数越限等信号的画面报警与数据记录。

b. 定时巡回检测各类故障信号，故障时记录故障信息。

c. 故障时自动发出报警信号，事故时自动停机。

（4）系统数据存储与查询功能。

1）建立实时与历史数据库，完成系统相关数据记录储存。

2）通过图形、曲线、趋势线、报表等方式显示、查询、打印数据库中的数据与信息。

3）历史数据一年一备份，本机保存时间至少5年，重要数据应转存。

4）机组运行管理。实现对每台机组与其他主要设备的运行小时数、

正常停机小时数、故障与事故停机小时数、动作次数、故障与事故次数、机组耗电量等统计与计算。

5）操作情况记录包括断路器、隔离开关、机组、闸门等设备的操作记录和操作人员信息、操作内容、动作开始时间、动作次数、是否操作成功、故障失败原因等。

6）整定值或其他定值变更记录。包括上下限值、越限值（高、低限值）以及其他定值变更记录。

7）事故与故障记录。包括事故与故障发生时间、内容、次数以及排除方法等记录。

8）系统自动备份重要数据，并能导入导出。

（5）系统应具有完善的系统自检、自诊断和自恢复等功能。

1）硬件与接口自检。当设备自检发现故障时，能实现报警；有冗余设备时能够实现自动切换。

2）通信网络设备自检。通信异常时能够发出告警信息。

3）软件系统自检。软件模块加载异常、软件运行过程出错能给出相应提示与故障信息。

4）在线诊断。不影响计算机系统对泵站设备的监控功能。

（6）系统拓展共享信息功能包括：

1）各种信息必须能直接转换成可编辑文件，由承建商预先提出参考格式，根据实际日常使用需要再互相商议补充和修改。

2）相关实时控制情况、历史控制情况、故障记录等数据库必须具有不加密可第三方读取模式，供日后其他应用或联网拓展使用，并明确各列表名称解析。

3）所有控制信号必须具有网络远程控制端口设计，并详细列明控制指令、互相通信协议和格式。

（7）系统更换计算机后的修复、恢复功能。

1）具有硬件损坏需要更换情况下的系统修复、恢复指南。

2）用户能自行安装全部程序。

3）用户能自行恢复数据。

（8）微机继电保护装置。

1）根据电网结构、设备容量及类型、运行要求，按GB 14258的规定配置。

2）具有在线自动检测功能，其内容包括装置硬件损坏、功能失效和二次回路异常运行状态的自动检测。

3）通信接口采用RS—485或以太网等。通信内容主要有：装置识别信息、系统异常信号、故障信息、动作信息、断路器跳合闸信号、对时信号以及各相电压、电流等参数。

（9）调速装置。

1）为了改变机组运行工况，达到优化运行节能效果，选用泵站机组调速装置。

2）调速方式选用变频调速等装置实现，变频控制选用U/f控制变频调速与矢量控制变频调速等方式。

3）通信接口宜采用RS—485或以太网等通信方式。通信内容主要有：频率、输出电压、输出电流等运行状态信息。

7.1.4 设备配置

（1）操作员工作站。工作方式为双机互为热备用。当系统发生故障时，在备用系统上的数据库具有对主系统相同的内容且继续对过程作数据登录，同时对以前登录的数据具有完全的访问权限，一旦主系统恢复正常，就可以使一些功能及库更新同步。正常运行中，主用机运行，当主用机事故或退出运行时，备用机自动转为主用工作状态。

主机功能包括对整个泵站计算机监控系统的管理，在线或脱机计算功能，各种图表、曲线的生成，事故、故障信号的分析处理。

主机同时供运行值守人员使用，具有图形显示、运行监视和控制功能、发出操作控制命令等功能。所有的操作控制都可以通过操作鼠标实现，同时标准键盘也可以作为鼠标的辅助操作。通过液晶显示器可以对泵站设备运行作实时监视，并取得所需的各种信息。

操作员工作站主要参数如下：

1）CPU型号：四核，2.5GHz，三级缓存10MB。

2）内存大小：8GB。

3）硬盘描述：500GB（7200r/min）。

4）10/100/1000Gbit/s以太网控制器，8个USB接口。

5）光驱类型：DVD－R/W。

6）显卡：512MB。

7）显示器：23英寸LED显示器。

8）系统软件：主流商用的多任务多线程、交互式分时操作系统软件。

9）标准鼠标、键盘。

（2）服务器。数据库服务器主要参数如下：

1）CPU型号：四核，2.4GHz，三级缓存10MB。

2）网卡：1×100M+1×1000M网卡。

3）内存大小：2×4GB。

4）硬盘：4×1TB。

5）显卡：512MB。

6）光驱类型：DVD－R/W。

7）显示器：23英寸LED显示器。

8）系统软件：主流商用的多任务多线程、交互式分时服务器系统软件。

9）标准鼠标、键盘。

（3）网络设备。集中监控层网络交换机不少于32口，网络交换速度达到100Mbit/s及以上，保证数据、图形和语音信息的高速传输。集中监控层与公用LCU采用双绞线连接，保证信号的可靠传输。

交换机的主要参数如下：

1）交换机类型：千兆以太网交换机。

2）应用层级：二层。

3）产品内存：2MB。

4）传输速率：100/1000Mbit/s。

5）网络标准：IEEE 802.3、IEEE 802.3u、IEEE 802.3ab。

6）端口数量：32口。

7）接口介质：100Base－TX：5类双绞线，支持最大传输距离200m、1000Base－T：5类双绞线，支持最大传输距离200m。

8）传输模式：全双工/半双工自适应。

9）交换方式：存储－转发。

10）背板带宽：32Gbit/s。

11）包转发率：23.8Mpps。

12）MAC地址表：8KB。

13）电源电压：输入电压220V AC。

（4）打印机。打印机选用A3彩色激光打印机，支持宽幅（A3）高速打印。通过网络共享器实现网络高速共享；打印报警、事故和历史数据操作信息等报表。

（5）电源设备。本工程计算机监控系统、公用LCU和集中监控层设备的采用集中供电，在中央控制室配置一套UPS电源装置。容量按6kVA，配置电池容量4h。具体内容见7.2章节。

（6）控制台。

1）中控室设一尺寸为5000mm×1100mm×780mm的控制台（配四张转椅），以金属电镀板为基本材料，美观大方，经久耐用，颜色和环境相适应。

2）控制面板不阻碍操作人员巡视信号返回屏的视线，台面上同时放置一台监控主机/工作站显示器，一台图像工作站显示器和打印机等。控制台柜体中可放置相关设备。

（7）防静电地板。中控室的防静电活动地板约63m²，活动地板下的空间作为电缆布线使用，高度不小于300mm。防静电活动地板应符合现行国家标准GB 6650《计算机房用活动地板技术条件》的要求，防静电地板选用标准如下：

1）防静电、耐用、阻燃、隔音。

2）抗静电地板电阻率：$2.5\times10^{4}\sim10\times10^{6}\Omega/cm$。

3）优质贴面，其表面必须光滑，水平度好。

4）机房内铺设防静电地板平整度，必须保证每米不大于2mm。防静电地板的板厚公差要在±0.2mm以内。

5）承载能力强，地板集中承受力要达到200kg/m²，分散承受力要达到1200kg/m²。

6）能使静电电荷通泄至地，并有一定电磁屏蔽作用。

7）噪音衰减：地板采用不同类型的材料，使吸音效果得到改善，有很强的隔音作用。

8）机械抵抗：地板经过性能及安全性的严格测试，过载后可自动复原。

9）抗静电性能：保证最小的静电积累及快速释放静电的能力，减少对电子设备的干扰。

10）中控室内所有设备的金属外壳、各类金属管道及线槽、建筑物金属结构等必须进行等电位联结并接地。其中防静电地板的金属支柱可采用弹簧线夹连接到等电位网格上，网格一般为1.5～2m，其中连接线的截面不小于铜10mm²，为减少腐蚀，应采用镀锡铜线。

（8）软件。

1）操作系统用市场上主流商用的软件。

2）数据库选用市场上主流商用的软件，建立历史数据库和报表系统。方便与自动化办公系统共享。

3）组态软件应采用进口品牌，在此平台上提供应用软件完成系统要求的功能。

a. 软件二次开发应具有高效性、高可靠性和可维护性。

b. 软件二次开发应采用模块化设计方法，便于扩展和修改，应用软件；次开发应由高级语言程序构成。

c. 功能软件二次开发模块应具有一定的完整性和独立性，软件二次开发环境的设计应使用户能安全实现应用软件二次开发的补充和修改。

d. 人机接口软件二次开发的设计应满足系统功能要求和操作要求，应有交互式图像编译程序、交互式数据库编译程序、交互式报告编译程序、键盘或命令解释程序等支持。

e. 人机接口软件二次开发应允许操作员在不详尽了解系统知识的情况下，能正确引导操作员增加或修改操作员命令，显示形式和记录形式。

f. 实现功能双机冗余，一台工作站出现故障推出系统时，备用机应无扰动切换。

（9）PLC。

1）一般规定。计算机管理系统硬件设备采用技术成熟、先进、可靠、便于维护、价格合理的品牌产品，系统应具有可扩性。

a. 现地控制单元以PLC为基础，并应具有过程输入/输出，数据处理和外部通信功能。

b. PLC在脱离中控级及网络后，应能对所控制的工艺设备进行正确、无误的操作。PLC应有自诊断功能，检出的错误信息可在显示器显示，任一PLC故障不影响整个计算机系统的正常工作。

c. 现场控制单元应具有自检功能，对硬件和软件进行经常监视。任一现场控制单元故障，不影响其他现场控制单元及整个计算机测控系统正常工作。

d. PLC在完成所要求的功能外，有10%的硬件余量，包括过程信号输入/输出容量、内存容量等。

e. PLC的外部供电电源为单相交流220V（1±5%），50Hz（1±2%）。

f. PLC具有高可靠性，能在无空调、无净化设施、无方门屏蔽措施的环境正常工作。

g. 现场测控单元设有输出闭锁的功能。在维修、调试时，可将输出全部闭锁，而不作用于外部设备。当处于输出闭锁状态时，有相应信息上送中控室，以反映现地控制单元的工作状态。

h. 现场控制单元的PLC提供与上位机连接的以太网通信接口。

2）技术要求。PLC的通用指标环境要求如下：

a. 工作温度：0 ～ 60℃。

b. 存储温度：－40 ～ 70℃。

c. 相对湿度：5% ～ 95%。

d. 海拔：0 ～ 2000m。

e. 振动：1.0GB，9～150Hz。

f. 冲击：15GB，11ms。

PLC的CPU采用由最新先进工艺制成的标准模板，应具有抗干扰高、功耗低等优良性能。它是一个强大的自动化平台，是一个具有高度分布式结构的通用控制器，是一个集成了众多智能功能的控制器系列，组态和设置非常简单，十分容易掌握。其基本特征如下：

a. 易于使用的标签寻址方式。

b. 符合IEC 1131—3的操作系统提供多任务系统，可定义多达32个不同任务，满足控制不同对象及工艺的要求。

c. 强大的数据系统，支持多维数组和用户定义数据结构。

d. 免电池设计。使用储能模块和Flash保存程序和内存，无须更换电池。

e. 集成USB编程口，可提供计算机编程访问功能以及网络桥接功能。

f. 使用SD存储卡可以保存程序，当程序丢失时可以自动恢复CPU的程序，也可使用SD卡进行数据记录和读取。

g. 丰富的指令系统，包含有运动控制及过程控制指令集。

h. PLC支持多处理器结构，并支持CPU冗余热备。

PLC的CPU的性能指针要求如下：

a. 开关量输入/输出容量：1024IN/1024OUT。

b. 仿真量输入/输出容量：256IN/256OUT。

c. 计数通道和串口：36。

d. 内存：2MB。

e. 主任务：1。

f. 快速任务：1。

g. 事件任务：64。

h. 1K指令运行时间：0.21ms/K（100%布尔量）、0.28ms/K（100%数字量）。

i. 1K指令运行时间：0.27ms/K（65%布尔量，35%数字量）。

j. 浮点计算：支持。

k. 内置通信口：RS232/RS485，编程口，以太网口。

l）实时时钟：支持。

PLC的I/O硬件分组制成标准单元插件式，同类插件有互换性。支架上留有20%以上的I/O插件和备用位置，以便将来的扩展，所在I/O接口（包括备用）端都接端子排上，接口的绝缘耐压和冲击耐压能力满足有关规定要求。

（10）液晶触摸屏。

1）10.4"TFT 65536色彩色显示屏，应支持BMP、JPG、GIF等格式的图片导入，个性化图片尽展示。

2）可根据用户需求任意变换个性化字体。

3）应支持任意语言文字界面显示，最多可在4种语言中任意切换。

4）采用高性能32位200MHZ RISC CPU，快速的处理能力保障更高的工作效率。

5）集成1个USB口，快速下载组态程序，大大提高工作效率。

6）集成2个COM口，支持与2种不同协议的控制器同时联机，支持RS 232/RS 422/RS 485通信方式，可通过软件切换串口，无须重新下载程序。

7）集成1个DB 15/DB 25打印机接口。

8）内部集成配方存储卡，为256K，可实现数据、历史操作记录、历史趋势图断电保存等，方便用户查询。

9）更大的存储空间，8M FLASH ROM+16M SDRAM。

10）自带实时时钟，时间断电保持2年以上。

11）支持和绝大多数主流PLC及控制器直接通信，可根据用户需求快速定制通信驱动程序。

12）支持最小时基为100ms定时器，实现定时数据传输、定时数值加减、定时执行宏程序等。

（11）超声波液位计。超声波液位计是非接触式测量仪表，通过对超声波发射和反射的行程所需的时间和测量距离成正比的原理来测量液位。

超声波变送器：

1）测量范围：与传感器配套，不得小于传感器的测量范围。

2）测量精度：±2mm+测量距离的0.17%。

3）可安装在室外，IP65/Type 4X/NEMA 4X。

4）标准和认证：CSAUS/C，CE，FM，UL listed，C－TICK。

5）具有4～20mA输出或者RS 485通信。

超声波传感器：

1）测量范围：大于或等于15m，使用温度最高达95℃。

2）内置温度补偿。

3）具有自清洁功能，产品能抗结垢、抗黏结。

4）PVDF密封焊接的探头用于对液体进行测量，具有极高的抗化学腐蚀能力。

5）抗侵蚀、防水型（IP68）。

6）标准和认证：CE，CSA，FM，ATEX Ⅱ 2G。

7）配套电缆及支架等所需配件。

（12）水位计。

水位传感器是用于液位测量的压力传感器，应符合IEC 60770—1规定，其EMC应符合IEC 61326—1的要求，一般特性要求：

1）电源：10～30V DC。

2）液体测量范围：大于或等于15m。

3）测量精度：上限值的±0.3%。

4）抗侵蚀、防水型（IP68）。

5）通过ATEX/FM/CSA防爆认证。

6）4～20mA输出信号具有集成过压保护。

（13）液位控制器。液位是水泵启停的关键信号，除设置超声波液位仪和水位传感器外，液位控制器可设置高、低水位开关量信号共4个。

1）液位控制器外形小巧紧凑，适合柜内导轨安装。

2）使用环境温度：－10～55℃。

3）寿命：电气寿命万次以上，机械寿命500万次以上。

4）配套与安装环境相适应的电极保持器及电极等配件。

（14）温度巡检仪。可任意测量热电偶K、T、E、B、S，热电阻G、Cu50、Pt1002A1、BA2及标准信号0～10mA、4～20mA、0～5V等。

（15）冗余工业以太网交换机。

1）2个千兆Copper/SFP Combo端口，4个快速以太网端口。

2）千兆冗余网络（超高速自愈时间小于10ms）。

3）认证标准：CE，FCC，UL/CUL 60950—1。

7.2　不间断电源

7.2.1　设计依据

《通信局（站）电源系统总技术要求》（YD/T 1051—2018）

《通信用不间断电源—UPS》（YD/T 1095—2018）

《通信电源设备安装工程验收规范》（YD 5079—2005）

《计算机场地通用规范》（GB/T 2887—2011）

《数据中心设计规范》（GB 50174—2017）

《低压成套开关设备和控制设备》（GB 7251—2013）

《电气装置安装盘、柜及二次回路结线施工及验收规范》（GB 50171—2012）

《电气装置安装工程电力设备交接试验标准》（GB 50150—2016）

《绝缘导体和裸导体的颜色标志》（IEC 60446—2007）

《低压开关设备和控制设备》（GB 14048—2012）

《低压成套开关设备和控制设备》（GB 7251—2013）

《低压成套开关设备和控制设备组合装置》（IEC 60439—1—2004）

7.2.2　技术要求

（1）一般要求。本工程使用6kVA工频包括有静态切换器及手动维护

开关，在输出配有隔离变压器输出的在线式UPS系统1套，UPS及配电应是采用模块化热插入式结构设计。配备的工业级UPS，应满足以下技术规范要求，并由承建商提供产品的性能指南。

UPS系统的UPS功率模块安装在一个机柜内组成，输入包含交流市电和电池组，输出交流230V。UPS模块应要求内置完整的整流、逆变及控制系统，具有独立工作能力，系统中任何其他组件故障都不应影响UPS模块的工作。为保证旁路抗冲击能力及扩容要求，应采用统一的集中旁路模块，旁路模块应可插拔维护，其故障都不影响UPS系统输出。后备电池采用免维护铅酸蓄电池，安装在电池柜内，并配置通风设备等，保证系统后备时间应不少于4h。

配电系统与UPS系统在同一套机柜内，采用模块化结构，可根据负载容量的需求变化增加或减少配置，而无须关闭UPS输出或配电总输入开关。

UPS系统电气系统示意图见图7.2。

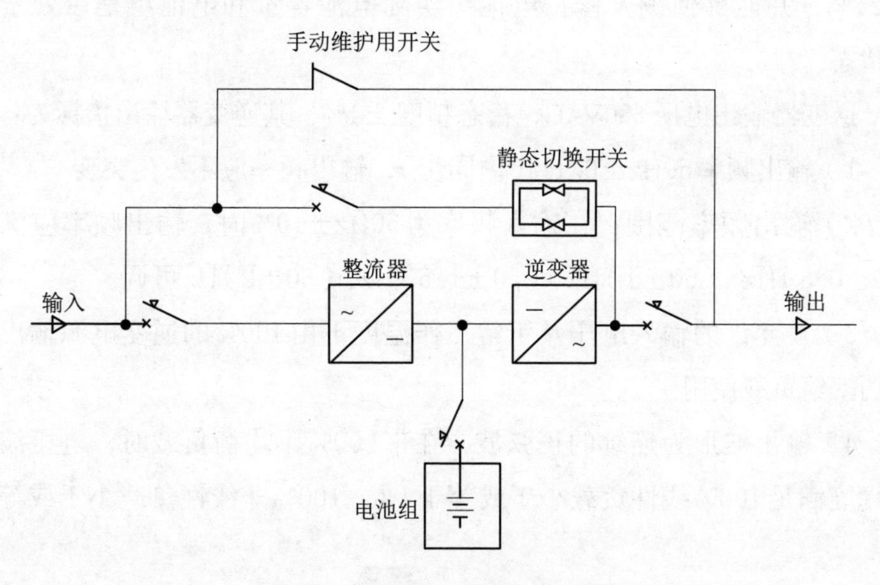

图7.2 UPS电气系统示意图

（2）UPS环境条件。设备在工程环境条件下，应能够连续正常工作，并且能够满足性能表现规范的要求。

（3）UPS设备电气性能。UPS设备输入电压230VAC±25%；输入频率50Hz±10%。整流器输入性能应符合YD/T 1095《通信用不间断电

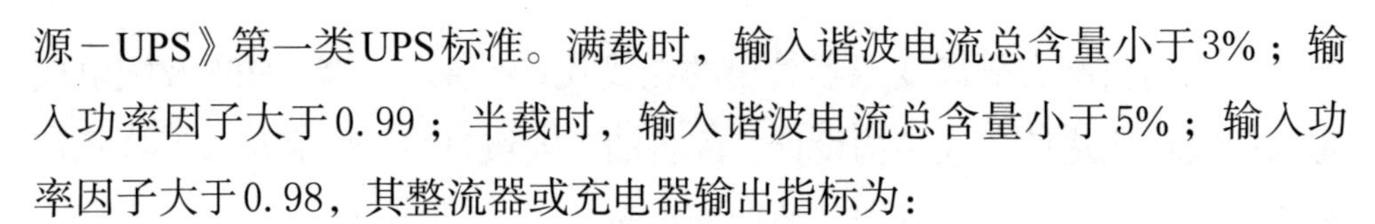

源－UPS》第一类UPS标准。满载时，输入谐波电流总含量小于3%；输入功率因子大于0.99；半载时，输入谐波电流总含量小于5%；输入功率因子大于0.98，其整流器或充电器输出指标为：

1）容量：输出满载工作时，对备用2h的电池，充电能力应不小于1.5h。

2）电压精度：±1%。

3）具有电池均充、浮充自动控制功能：在电池放电结束UPS输入供电恢复后，应自动启动均充充电，满足每节（12V）电池均充电压，并能够自动转浮充充电。

4）具有电池充电温度补偿功能：能够根据电池环境温度，自动调整充电器输出电压，避免过充电还欠充电。

5）具有电池定期自动维护和测试功能：定期自动释放部分电池能量，避免长期浮充导致电池容量衰减，能量释放比例小于电池额定容量25%，并能够侦测及修正电池组实际电池容量和电池组是否处于良好状态。

逆变器输出电压230VAC，稳态精度±1%，其逆变器输出指标为：

1）输出频率50Hz±0.1%（内同步），输出频率应不发生突变。

2）输出频率范围：在输入频率为50Hz±10%时，输出频率应满足（50±0.5）Hz、（50±1）Hz、（50±1.5）Hz、（50±2）Hz可调。

3）在允许的输入电压及正常工作温度下由100%的逆变电源输出满载功率给负载使用。

4）输出波形为连续的正弦波，在带100%不均衡负载时，电压波形失真度满足100%线性负载小于或等于1%，100%非线性负载小于或等于3%。

5）输出电流峰值系数（UPS所允许的最大非正弦波峰值电流与输出电流有效值之比）大于或等于3∶1。

6）输出功率因子1，带超前0.5～滞后0.5负载不降额。

7）50%以上负载时，效率不小于95%；25%负载时，效率不小于94%。

8）逆变器过载能力：

a. 105%I_n＜负载＜125%I_n：持续时间10min。

b. 125%I_n＜负载＜150%I_n：持续时间1min。

c. 负载＞150%I_n：持续时间200ms。

9）短路限流能力大于或等于2.9I_n。

10）当三相负载不平衡度为100%时，三相输出电压不平衡度应满足下列条件：

a. 小于±1%（平衡负载）。

b. 小于±2%（100%不平衡负载）。

11）输出电压相位偏差在100%不平衡整流性负载时，三相输出电压相位差小于或等于1°。

12）噪声（距离设备1m处）不大于62dB（A）。

13）动态电压瞬变范围交流输入电压不变，负载从0～100%～0变化，交流输入中断或恢复供电时的输出电压变化量小于额定输出电压的±5%。

14）瞬变响应恢复时间从输出电压发生阶跃变化起到恢复稳压精度范围内时止所需要的时间小于20ms。

15）UPS在市电和电池两种状态间切换的时间应为0。

16）从逆变器停止工作时起，到电网直接供电时止，或从电网直接供电起，到恢复逆变器工作时止所需要的时间小于4ms。

（4）UPS智能配电系统技术要求。

1）配电单元总输出回路数量大于或等于10路。

2）每个分支回路开关采用IEC 60898的MCB小型断路器，分断能力大于10kA，电流10～63A。

3）智能负载配电系统的安全管理功能要求对输入总开关的开关电流大小、开关工作状态监控，并提供两级告警可设置阀值。

4）智能负载配电系统的供电质量监控功能要求对每一路输出开关的电流、功率等供电质量参数监控。

5）智能负载配电系统的外观要求。

a. 当分支回路数量小于30路时，与UPS系统共享机柜；

b. 当分支回路数量大于30路时，可采用独立机柜，外观设计与UPS系统保持一致。

7.2.3　设备性能

（1）UPS设备电气性能。设备应能提供全中文监控及操作接口和远程监控管理接口，能够显示输入输出电池电压、电流和相关运行状态以及故障告警信息等。

系统具备通信以下接口：

1）具备RS—232、RS—485（或RS—422）或SNMP接口协议，且应具有良好的电气隔离（信号端子对地承受直流电压500V、1分钟不击穿或闪烁）。

2）设备应具有智能判断功能，对于超常规的参数设置（错误命令），应能自动拒绝。

3）准确度：

a. 开关量准确度应达到100%。

b. 模拟量精确度应达到直流电压误差小于或等于1%。

c. 其他电量误差小于或等于2%。

d. 非电量误差小于或等于5%。

e. 设备显示面板或表头显示值应与从通信接口读出的三个遥感测量值（遥测、遥信、遥控）保持一致。

（2）UPS设备机械性能。

1）采用标准服务器机架外观设计。

2）外观工艺、检查。机柜表面喷涂均匀、无破损；信号灯、开关、测量显示设备布局合理。

3）结构工艺。部件排列合理、整齐；导线颜色和截面合理，布放平整，编号合理；接插件牢固；电源进出线符合工程需要；维修安全及方便；具备抗震措施。

4）机架组装。有防振加固安装孔，接地应用铜质丝母，其直径小于或等于M8。

5）标牌、标记。应平整清晰。

7.3 泵站视频监视系统

7.3.1 设计原则

（1）先进性。整个系统在压缩技术、操作系统技术上达到国内领先水平，应支持16路实时压缩，扩充、升级方便，确保系统在5年内应拥有技术领先优势。

（2）可扩展性。所有系统部件均能方便地进行安装、维护。能够方便地增设新的摄像机。系统需要增加功能时，只要在原有系统结构的基础上，增加相应的软件模块就能实现功能的扩展，而不需要对原有系统进行大面积的改造，以节约投资。

（3）开放性。核心系统基于TCP/IP传输协议进行通信，具有良好的开放性。编码符合国际标准（ISMA标准），只要厂家的设备符合ISMA标准，都能够不受限于个别供货商提供的产品。

（4）可靠性。软件基于具有强大网络能力、运行稳定的操作系统，基础稳定可靠；硬件系统采用硬件编码，效率高，稳定性好。

（5）实用性。充分利用现有资源，尽量降低设备成本，使系统具有较高的性价比。

（6）实时性。系统应具有很快的响应性能，应保证每路的时延小于或等于500ms，每路图像都应保持25fps/s。

（7）系统易维护性。系统的运转真正做到通电工作的程度，而无须使用过多专用的维护工具。通过网络可以实现集中监控与集中维护。

7.3.2 系统设计

（1）视频监视对象。视频监视对象应包括：

1）拦污栅。

2）进水池。

3）厂房。

4）高低压配电室以及高压变频柜室。

5）阀门等与泵站运行管理有关联的重要设备和水工建筑物。

（2）系统要求。

1）通过以太网（TCP/IP）方式，与视频监视系统相连，通过视频监控软件同步实现工作场地或区域的远方监视。

2）采用全数字式视频设备，支持多客户端监视与查询。

3）能满足全方位、全天候、不间断监视的要求。

4）能根据报警系统及预置的程序进行录像，或由手动操作实现实时录像。

5）能对图像进行完整的保存与再现，存储时间不少于15天。

6）视频监视系统施工设计时应注意采取防雷措施，并做好电源防雷及信号防雷。

（3）系统运行功能要求：

1）雷电天气不受影响。

2）泵站运行和管理的监控画面，在放大缩小时保持清晰不模糊、没有干扰线纹和斑块。

3）操控顺畅、方便。

4）图像实时、历史信息查询具有可远程公网传送功能，并列明查询指令、传送格式和协议。

（4）视频监控系统图。泵站的视频监控系统图见图7.3。

7.3.3　设备配置

（1）视频监视工作站。

1）CPU型号：四核，2.5GHz，三级缓存10MB。

2）内存大小：8GB。

3）硬盘描述：500GB（7200r/min）。

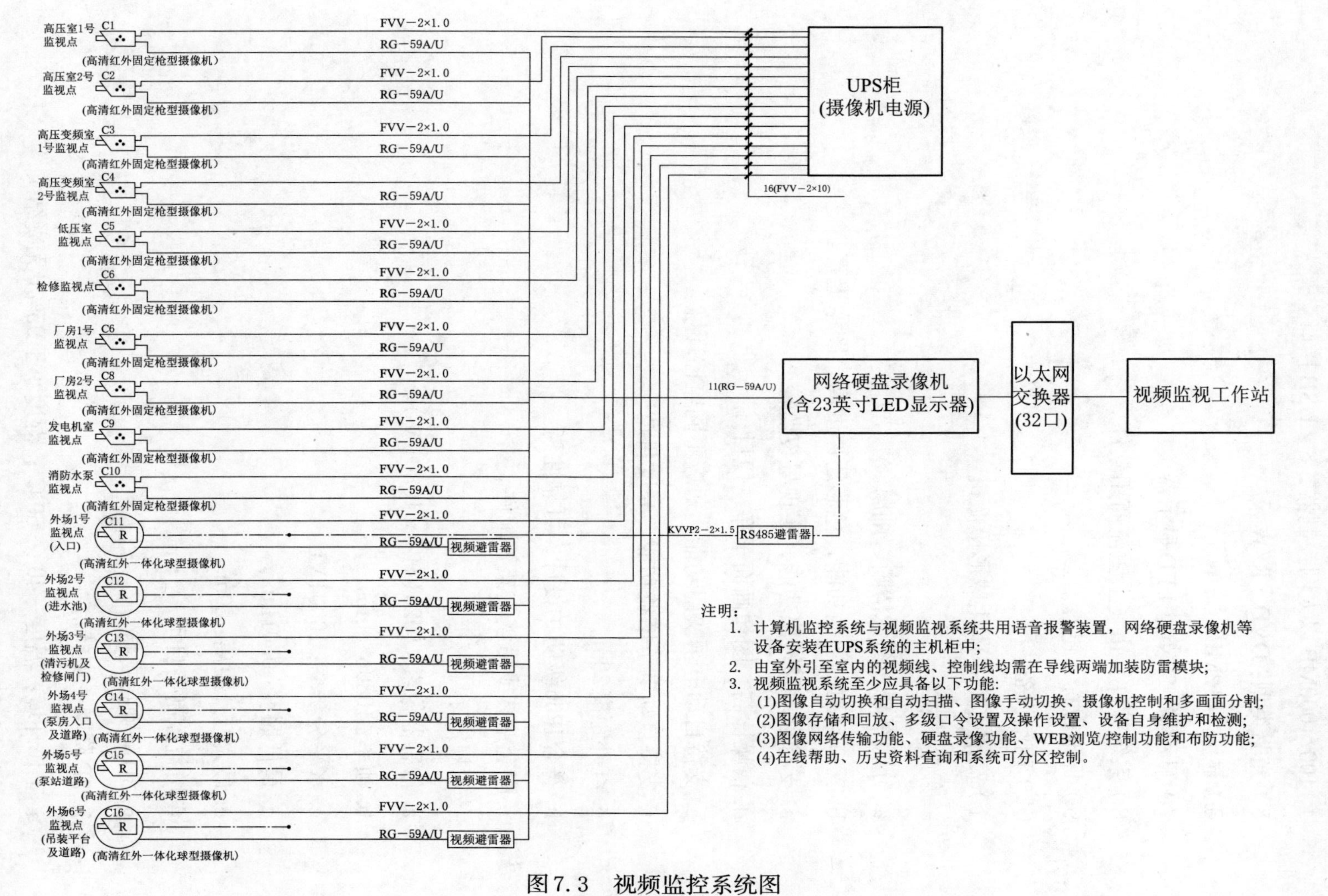

注明：

1. 计算机监控系统与视频监视系统共用语音报警装置，网络硬盘录像机等设备安装在UPS系统的主机柜中；
2. 由室外引至室内的视频线、控制线均需在导线两端加装防雷模块；
3. 视频监视系统至少应具备以下功能：
   (1)图像自动切换和自动扫描、图像手动切换、摄像机控制和多画面分割；
   (2)图像存储和回放、多级口令设置及操作设置、设备自身维护和检测；
   (3)图像网络传输功能、硬盘录像功能、WEB浏览/控制功能和布防功能；
   (4)在线帮助、历史资料查询和系统可分区控制。

图 7.3 视频监控系统图

4）100/1000MB以太网控制器，8×USB接口。

5）光驱类型：DVD－R/W。

6）显卡：512MB。

7）显示器：23英寸LED显示器。

8）系统软件：市场上主流商用软件。

9）标准鼠标、键盘。

（2）前端设备。

1）高清红外一体化球形摄像机。

一般要求：

a. 分辨率高，图像清晰、细腻。

b. 支持自动白平衡功能，色彩还原度高，图像逼真。

c. 支持自动彩转黑功能，实现昼夜监控。

d. 信噪比高，图像画面干净、悦目。

e. 支持自动电子快门功能，适应不同监控环境。

f. 支持自动电子增益功能，亮度自适应。

g. 红外距离20m。

h. 符合IP66级防护设计，可靠性高。

i. 配套壁装或吊装支架等配件。

技术规定：

a. 传感器像素：1920（H）×1080（V）。

b. 帧率：1080p/30fps。

c. 水平分辨率：1000TVL。

d. 最低照度：0.01Lux。

e. 最大红外距离：20m。

f. 增益控制：自动。

g. 3D降噪：支持。

h. 2D降噪：支持。

i. 工作环境：温度－40～60℃；湿度小于95%（无凝结）。

2）高清红外固定枪型摄像机。

一般规定：

a. 图像清晰、细腻。

b. 支持红外滤片自动切换，实现昼夜监控。

c. 支持自动电子增益功能，自动调节亮度。

d. 符合IP66级防护设计，可靠性高。

e. 配套壁装或吊装支架等配件。

技术要求：

a. 传感器像素：1920（H）×1080（V）。

b. 帧率：1080p/30fps。

c. 水平分辨率：1000TVL。

d. 最低照度：0. 01Lux。

e. 最大红外距离：50m。

f. 白平衡：自动。

g. 背光补偿：支持。

h. 工作环境：工作温度－10～60℃，工作湿度小于95%（无凝结）。

（3）网络硬盘录像机。

1）视频输出分辨率：1920×1080。

2）所有通道支持4CIF实时编码。

3）支持预览图像与回放图像的电子放大。

4）支持按事件查询、回放、备份录像文件。

5）支持最大16路同步回放。

6）支持录像文件倒放功能。

7）16个复合视频输入（BNC）接口。

8）16个模拟音频输入（BNC）接口。

9）1个模拟音频输出（BNC）接口。

10）网络接口1个，RJ45 100M/1000M自适应以太网口。

11）硬盘接口：8个SATA硬盘接口，向下兼容不同容量规格硬盘。

12）支持热插入。

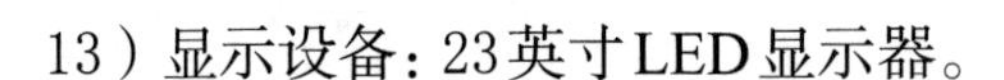

13）显示设备：23英寸LED显示器。

7.4　安装与验收

7.4.1　安装与测试

系统安装应符合下列要求：

（1）设备安装环境条件符合相关标准和设计要求。

（2）设备及材料经过检查验收合格后方可进入安装施工现场。

（3）承建商提交的安装施工组织设计经技术监督部门的技术监理工程师认可，并签发开工令后方可施工。

系统安装施工应遵循下列要求：

（1）按产品安装使用说明和相关技术标准、设计文件、安装施工组织设计等进行设备安装。

（2）按设计文件或相关技术标准对设备的电源线、信号线等进行统一编号和标识，做好安装记录并备案。

（3）通信设备安装时，要对误码、带宽等相关参数进行测试，安装完成后还要进行抗干扰试验。

（4）计算机及外部设备的安装应按GB 2887—2011的规定执行。

（5）控制及保护屏（柜）的安装应符合GB 50171—2012的要求。

（6）软件安装时，复核硬件配置和软件环境等。

系统安装结束后，应进行现场测试。现场测试方法应按标准的规定执行。测试依据为设计文件和设备产品样本，技术参数应符合设计文件的规定或产品样本标明的技术指针。主要测试项目有：

（1）供电电压测试。供电电压质量符合设计要求时才能进行其他参数的测试。

（2）通信介质测试。主要进行带宽和误码率的测试。

（3）微机继电保护装置测试。主要进行整定值及其他参数的测试和调试。

（4）传感器测试。先进行基准或系数值的测试，有必要的再进行工作范围内线性度测试及环境参数测试。

（5）系统接地电阻与绝缘电阻的测试。接地电阻应小于1Ω，绝缘电阻按DL/T 822—2004的规定执行。

（6）控制信号响应时间的测试。

（7）信号采集周期的测试。

7.4.2 验收

泵站计算机监控与信息系统验收前应通过72h试运行合格。安装单位自检合格后，方可向项目建设方或监理提交验收申请，并为验收时的现场抽查提供必要的现场条件、测试设备和技术支撑。

系统验收时还应提交下列数据和文件：

（1）试运行记录及试运行报告。

（2）硬件设备产品样本、检验合格证、使用说明书。

（3）软件使用说明书、软件环境配置列表（包括版本号）。

（4）可靠介质的应用软件及其环境软件的备份、安装说明。

（5）合同约定的其他数据。

7.5 运行管理与维护

7.5.1 总体要求

泵站计算机与信息系统投入运行前，技术监督部门应建立专门的管理机构，配置相应的专业技术人员，制定系统运行、维护规程和管理制度，并对相关专业技术人员进行培训。

（1）系统的运行和维护应进行许可证管理，各级被授权人员经技术主管部门考核合格后方可上岗。

（2）技术监督部门应加强系统运行、维护管理，并落实运行、维护经费。

（3）工程设施营运部门应采取有效的技术方法和管理措施防止计算机病毒对系统的侵害和外来的非法入侵。任何设备、软件接（装）入系统前必须进行病毒检测与经审核批准，不应在系统中进行与监控无关的作业。

（4）系统的技术数据应统一管理，建立数据清单并认真履行借阅登记手续。

（5）系统管理应建立台账、缺陷及故障记录和检修交代记录。

（6）系统运行期间应配备适量的备品备件，并对其进行规范管理。

7.5.2　运行管理

计算机监控系统运行管理应符合下列要求：

（1）计算机监控系统投入运行，由被授权运行操作人员操作和管理。

（2）运行值班人员应定时通过计算机监控系统对设备运行状态进行监视并记录运行数据；定期对被控设备、计算机监控系统设备、计算机监控系统画面的工作状态、技术指针及画面显示的参数和计算机房的温度、湿度进行巡回检查，每次巡查应做好巡查记录并分析，发现异常应及时汇报。

（3）计算机监控系统或被控设备运行异常或者故障，运行值班人员应按运行故障与异常处理作业指导书的步骤进行处理，并及时汇报和通知维护人员。

（4）交接班时，交接班双方共同对被控设备、计算机监控系统进行检查，做好交接班记录。监控系统出现异常尚在查找处理时，不应进行交接班工作。

视频监视系统的运行管理应符合下列要求：

（1）运行值班人员应定时观察各个摄像点的图像，了解被监视目标的运行状况、安全情况并确定摄像机状况，发现故障后及时上报并记录。

（2）各个信道监视的图像以及各图像在显示器上的位置应保持固定，每次完成特定操作后要恢复原设定次序。

7.5.3　系统维护

计算机监控系统的维护管理要求各级被授权维护人员应按计算机监控系统维护规程的规定，对计算机监控系统设备进行定期巡检与维护。巡检与维护的主要内容包括：

（1）系统设备巡检每周不少于一次，每次巡查应做好巡查记录。

（2）系统设备定期维护每季度不少于一次，并做好维护记录。

（3）软件无修改的，一年备份一次；软件有修改的，修改前后各备份一次。

（4）检查UPS系统，每年对蓄电池进行一次完全充放电维护。

（5）定期检查和维护计算机监控系统的接地。

运行维护人员根据运行故障与异常处理作业指导书对故障及时处理。维护人员对系统做任何工作均执行工作票制度，工作完成后做好记录并恢复到正常状态。

视频监视系统的维护应符合下列要求：

（1）定期检查和维护系统设备、防雷装置和电源。

（2）定期清洁摄像机护罩玻璃。

（3）定期整理和备份视频数据。

第8章 泵站防雷与接地保护系统

8.1 雷击防护系统

8.1.1 一般说明

泵站区域建筑物的雷击防护系统（LPS）符合IEC 61024—1Table 1（对应于IEC 62305—3Table 2）各类型LPS最保守级别的保护角的大小、滚球半径及网格规格见表8.1。

表8.1　　系统防护方法

LPS类型	防护方法		
	滚球半径	网格规格	保护角
尺寸	20m	5m×5m	45°[×]

注　[×]指建筑物高度H≤10m适用。

雷击防护系统LPS应该符合IEC 61024国际标准及按照图则的设计进行安装。

雷击防护系统由接闪器、连接接闪器至接地电极的引下导体及地电极等组件构成。大尺寸LPS可以不只是上述的其中一个组件或全部构成，众多的接闪器可以与屋顶水平铺放的导体互相连接在一起。

8.1.2 系统器材

选择符合IEC 61024/IEC 62305/EN 50164/BS 6651标准专门为LPS制造的接闪器、导体、测试接头、支承鞍码及其他的安装配件均适合使用于本LPS工程。

（1）接闪器。符合IEC 61024—1—2定义的非－隔离型网格形式的接闪器应有一件或多件垂直布置导体或水平布置导体二者组成。在较大的平坦的屋顶上建造网格式的接闪装置。在建筑物屋顶主表面或之上装有的金属突出物体例如水池、天梯等应被联结搭接到已接地的主体结构，以形成网格式的接闪形式的一部分。

（2）引下导体。符合IEC 61024—1—2要求的非－隔离型引下导体的尺寸应为以下其中一种。

1）不小于25mm×3mm退火镀锡铜带。

2）直径不小于12mm退火铜条。

当指定引下导体依附外墙安装时，这些引下导体应以不超过1m相互距离规则地进行布置，引下导体须以尽可能直接的途径将接闪器连接到接地终端网络处。当所安装引下导体多于一条时，此导体应从拐角位置开始垂直等距布置在建筑物外墙上。

每一条引下导体应连接至一个接地端口。

引下导体由地面至3m高或以上应穿入不低于M5级机械抵抗力的耐燃及绝缘喉管。

（3）测试接头。符合要求的测试接头应为硫酸铜、炮铜或铜质。它们包括圆形厚身底座，连同一个相同材料的可以螺栓紧固的圆形后身盖。扁形状的铜导体应使用夹码起码4颗以上螺丝或销钉从夹面到夹底手固夹紧。测试接头应安装于无授权人士不能触弄的位置处，若不可能的话，则测试点应改为使用接地带或条状夹具构成的测试点，并设置安装指定的警告语句字样的标签牌。

（4）接地终端。接地终端口应为符合IEC 61024—1—2cl. 2. 4. 4. 3定义所指符合cl. 5. 2. 2要求的以建筑结构基础内主力钢筋作为接地终端的Type B类LPS接地电极。

土壤电阻率的测量应优先于接地终端的设置。接地终端装置的接地电阻由每一个不超过 0. 2Ω 接地电阻值的接地终端装置所提供。整个雷击保护系统的组合接地电阻不应高于 0. 2Ω。若由于地域性原因，基础地电极难于达到此数值的话，可以按照IEC 61024—1cl. 2. 3. 6所指的附

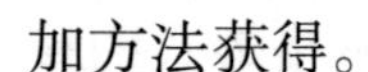

加方法获得。

（5）间距支承鞍码。鞍码应为高强度金属制造，若用作固定铜质的导体时鞍码应为青铜物质。

8.1.3　接驳与联结

（1）与接地终端的接驳。连接至接地终端处引下导体及联结搭接导体应为截面面积25mm×3mm的铜带。

若使用于室外时，此等铜带须为镀锡型，接驳至基础导电钢筋的导体应采用以铜粉氧化高温反应热熔或熔焊工艺，并且把图则所示的每一处基础导电钢筋连在一起，在地面的每一端接口应分别地夹紧并设置按照当局指定的警告语句字样的标签牌。

（2）与其他系统的联结。如IEC 61024—1—2所示及除非能够满足供电部门的要求，一般情况下，雷击保护系统接地应与包括电力接地系统的其他接地系统分隔开来。

通常雷击保护系统应与其他系统的金属工件保持分离，维持IEC 61024—1给出最小分隔静空要求。然而在某些环境下，例如不能避免与其他系统的偶然接触，在设计处理下，用作雷击保护系统的接地终端电极，可与包括其他的低电压电缆的金属铠皮及装甲线皮、使用者侧低压接地系统及金属的水务管道进行联结搭接，然而供电电缆及其接地系统属于供电局所有；还有电信公司的以及其他当局接地端口等，除非获得所有有关当局的书面准许，以上的接地端不应被联结搭接至雷击保护系统去。

（3）联结搭接。应使用25mm×3mm退火软铜带（紫铜带）将其他金属工件与雷击保护系统进行联结搭接。若金属工件为可活动的话则应使用多股软铜缆，金属工件的联结搭接应具有可忽略不计的电阻值，应使用非铁质丝母、螺栓及介子。当有需要时要用线夹，以获得良好的机械强度。

（4）导体接驳。屋顶的导体及/或引下导体应使用双铆钉或以夹带码进行接驳。当使用夹子时，夹带码应起码穿上4颗螺丝或螺栓做夹紧，所有接驳口应镀锡，接触电阻值可忽略并具有良好的机械强度。

其他的替代方法：使用适合的物料及设备、按照生产商推荐的处理程序，端口的接驳可以以铜粉氧化高温反应热熔或熔焊工艺进行。

8.1.4 测试

在执行安装LPS之前承建商应向技术监督部门呈交现场土壤电阻率的调查计划、测量方法、按照BS 7430或者SL587的计算方法、所用仪器及时间表以予批准。测试过程必须有技术监督部门代表在场见证并须制作视频摄影作记录。执行调查计划之前的天气状况应是连续10天无下雨的日子。

当获得现场土壤电阻率的有关数据之后，承建商应检视及优化其拟安装的LPS的组态模型达到不劣于设计目标的数值；当LPS安装完成后，应对雷击保护系统接闪端与接地端之间的连续性电阻值进行测试及作记录。地电极的介电电阻值也应进行测试及作记录。

8.2 接地保护系统

8.2.1 一般说明

按照RSIUEE、RSICEE及IEC 60364的规定，应把所有关系到电气工程非带电部分的金属工件、包括装置内的可导电部分及装置外的可导电部分，牢固及有效地与接地电极连接。

按照RSSPTS第25条的规定及澳门供电部门CEM信件的建议，拟定此保护接地电极设计电阻值为0.5Ω。

8.2.2 系统器材

（1）棒状地电极。除非在特别规格说明或图则有所指定，电气工程应该安装棒状地电极。

1）按照RSIUEE规定，准用的棒状地电极应为软钢内芯外包硬拉铜质蒙皮结构，此棒的外部直径不应小于15mm及其蒙皮厚度不应小于

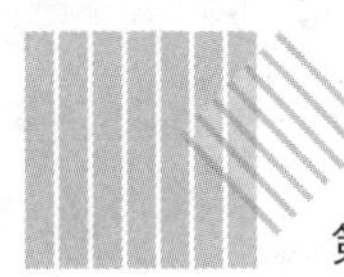

0.5mm，棒长至少为2.0m。当有需要时其附加长度每一截为1.2m，并以联结器与原极棒接驳。棒的透入（地下）端头部分为硬化钢。

2）棒状地电极应由地极井打入地下。只可使用经核准的工具如气动锤头等施行本工序。若一个地电极的接地电阻值未能达至足够低，应施行增加极棒的长度或增加极棒的数量的方法。若为后者方法，增加数量的极棒应打在先前装设极棒电阻区之外。一般情况下，新增的极棒与极棒之间相距3.5m为适当距离。

（2）藏于深井孔的地电极。作为一种替代方法，当土壤（地电阻率）为不利条件时，地电极可以埋入由建造商建造的深20～30m、直径大约100mm的深井孔内。在这种情况下，将15mm直径（接驳成所需长度）的极棒或25mm×6mm的退火铜带全程埋入此深井孔内。围绕极棒或铜带与井孔壁之间的静空应以60%的膨润土与40%的石膏混合（至体积为125%）的黏稠泥浆压入填满并让其固化，在压入固化过程中深井孔内不应有空气。

（3）各地电极的连接。应以25mm×3mm退火铜带或70mm^{2}多股芯裸铜导体将各地电极作内部连接以形成归一的接地系统，此导带或导线应附入PVC套管内并至少深藏地表600mm以下，并以最短直线距离走线连接各极棒。接驳端子应为良好及可靠的黄铜制品以能承受预期的故障电流产生的效应。

（4）接地导体。

1）导体的材料。

接地导体应为25mm×3mm铜带。若使用于室外时，此铜带应为镀锡型。铝质导体不可被用作接地导体。

2）与地电极接驳。

接地导体应采用铜质接线夹头与地电极连接的专用工具进行拆解。此接驳夹头应安装在地极井内以确保接地装置易于保养维修。

（5）总等电位联结导体。

1）导体的材料。除非另有指定，总等电位联结用的导线应为铜导体。

2）联结位置。总等电位联结导体应将其他业务装置外的可导电部分

连接至同一工程的总接地端口处。此类装置外的可导电部分应包括供水管、燃气管、其他公用管道、上升槽管及倾向容易传递电位差的建筑结构的外露金属部件。接驳端口应靠近非电力业务设施侧进行联结。

3）联结方法。可导电部分应采用符合标准的铜质接线夹与总等电位联结或导体接驳。进行接驳之前，应清除干净工件接触面上如油脂或漆油等的非导电性物质。

（6）辅助联结导体。

1）导体的材料。除非另有指定，用作辅助等电位联结导体应为铜质导体。

2）应用于浴室。有浴缸或花洒的房间内，所有能被人同时接触到的具有导电性（电力装置内或电力装置外）的部件，应就地作辅助等电位联结。

3）应用于其他场所。有可能被人接触到的装置外部可导电部分、其他的装置的外露可导电部分要作辅助等电位联结，其中金属工件要永久及可靠地将无电气连接部分联结以获得尽可能低的阻抗值，从而形成同一等电位区。

4）联结方法。辅助联结导体应采用符合标准的铜质接线夹有效地与装置外部和内部的可导电部分联结。进行接驳之前，应清除干净工件的接触面上如油脂或漆油等的非导电性物质。

对于表面安装式的喉管工程，辅助接地导体应终结于最近的与钢喉或喉盒一体化的接地端子位置处。

对于暗藏式的喉管工程，辅助接地导体应接驳到有一体化铜质接地端子IEC 60670金属盒的接地端子处，及电话线出线盒面。此IEC 60670金属盒尽量接近联结位置安装，并且辅助联结导体应尽可能短距离接到端口。

（7）电路保护导体。

1）一般描述。布线系统用分开的线缆、线缆金属铠甲（皮）及装甲（钢线）、同一电缆内与相线相同的电路保护导体、硬质钢喉、钢质电缆槽及槽管、金属外壳均可形成电路保护导体。而钢喉及设备的外部可导电性部分则不应作为电路的保护导体。

2）插座电路的保护导体。对于每一个插座，应该提供分开的电路保护导体接驳到插座的地极接线端口。

3）柔性软喉管的保护导体。柔性软喉内全程需穿入一条分开的保护导体以确保柔性软喉两端的接地连续性。

4）汇流排槽及汇流排的保护导体。应以25mm×3mm的铜带沿着汇流排全程敷设。若汇流排槽及汇流排的外壳被证实能够满足如IEC 60364对于作为保护导体的规定的所有要求，则可以减免装设此铜带。

5）接驳。应能做到从总接地端汇流排处或地电极处断开以允许进行接地电阻值测试，此接口应只有使用工具才能被断开，并具有高强度机械性能，从而可靠地保持电气连续性。

（8）接地保护导体。

1）线身的识别颜色。所有用作保护导体的线缆，包括接地导体、总等电位联结导体、辅助联结导体及线路保护导体应以混合的 绿色和黄色作为识别。此种颜色不应作为其他的线缆使用。

用作保护导体的裸导体也用类似颜色作识别。当有需要时，使用（具有此种颜色特征的）绕带、套管，或以漆油涂上此种混合的绿色和黄色作识别。

2）接地及联结端口的标贴识别。所有接地及联结连接端口位置均应提供警告标识。

（9）电路保护导体线径。

1）一般说明。除了等电位联结保护导体以外，保护导体的横截面面积应按照表8.2所示的数值或相关的IEC 60364 所确定。若保护导体不是原条电缆的一个组成部分或并不包括在内，则布置在钢喉管内、钢质电缆槽内、槽管内或其他金属封壳内的有机械性保护（如铠装线缆）铜质保护导体其横截面积不得小于2.5mm²；或无机械性保护（如无铠装线缆）铜质保护导体其横截面面积不得小于4.0mm²。当作保护导体用的分开的线缆，除非其横截面面积大于6.0mm²，否则其绝缘值应遵从IEC 60277、IEC 60189（BS 6004）的规定。

表8.2　　表面式安装的电缆钢槽规格表　　单位：mm^2

标称线径	
相线导体	电路保护导体
1.5	1.5
2.5	2.5
4	4
6	6
10	10
16	10
25	16
35	16
50	25
70	35
95	50
120	70
150	70
185	95
240	120
300	150
400	185
500	240
630	300
800	400
1000	500

注　若有要求，可按IEC 60364—54 表 54F所示以$16mm^2$取代。

2）等电位联结导体的导体截面面积。等电位联结导体的导体截面面积不应小于与其关联电路的接地导体截面面积的一半，同时不应小于$6mm^2$且不应大于$25mm^2$。辅助联结导体的截面面积CSA应按照IEC 60364有关规则确定。

8.2.3　接地方案

（1）等电位区。工程地域范围内包括有分隔开一定距离的不同用途的建筑物，为能实现都处于同一等电位参考面，需构建一个单一等电位水平式地电网，并辅以垂直式接地电极从而形成单一等电位区域。等电位水平式接地电极网同时辅以垂直式接地电极，在接地井ECV－1处集成总接地电极端口。

在展开地电极敷设工序之前应首先勘查所在地的土壤电阻率数据，以作为评估及优化地电极系统的组态布置。

（2）接地母线总端口。在副厂房的高压柜室内设立装置总接地母线总端口－A，并与下列装置连接：

1）室外ECV－1地电极井内连接独一的接地极总端口。

2）高压配电柜外壳。

3）高压电缆的装甲、铠皮、金属质护层及等电位护层。

4）可能会有的低压电缆的装甲、铠皮、金属质护层。

5）高压装置的保护导体及接地导体。

6）高压装置及低压装置的外露可导电部分。

7）装置外部的可导电部分。

8）可能会有的高压线路的过电压释放器SPD。

9）高压计量变压器的次级绕组。

10）为进行施工而断电的设施部件。

11）在楼板内的钢筋面埋入等电位网。

12）所处位置距楼板最近的钢筋。

13）接地导体汇流环排。

14）按照IEC 61024—1标准规定的把建筑物的雷击接地系统接驳总等电位连接。

（3）TN－S始点。本工程的11/0.4kV变压器室内，变压器次级中性点的工作接地的接地系统必须与保护接地的接地系统连接在一起，以形成TN－S接地系统的始点。

8.2.4 测试

在执行安装电力接地系统之前，承建商应向技术监督部门呈交现场土壤电阻率的调查计划、测量方法，并按照标准BS 7430或者SL 587的计算方法、所用仪器及时间表以予批准。测试过程必须有技术监督部门代表在

场见证并需制作视频摄影作记录。执行调查计划之前的天气状况应连续10天无降雨。

当获得现场土壤电阻率的有关数据之后，承建商应检视及优化其拟安装的电力接地系统的组态模型以达到不劣于设计目标的数值。

第9章 运行调试及技术管理要求

9.1 一般说明

（1）工程设施营运部门应根据SL 255标准、澳门特别行政区政府相关法律及法规制定泵站整体的运行、维修、调度及安全等规章制度。

（2）工程设施营运部门应定期对泵站工程水工建筑物、机电设备进行全面检查，机电设备应定期检修，检修质量应符合要求，机电设备应按规定进行必要的试验。检查情况、检修数据及试验数据应完整记录。安全生产工具、消防设施等应定期检查，并试验合格。

（3）工程设施营运部门完善管理机构，明确职责范围，建立健全岗位责任制。

（4）工程设施营运部门应加强泵站经济运行管理，提高泵站工作效率。

（5）工程设施营运部门应具备必要的运行备品、器具和技术资料。

9.2 机电设备运行维护及检修

9.2.1 运行管理

（1）机电设备及管路应有下列标识：

1）制造厂铭牌。

2）同类设备按顺序编号，其中电气设备应标有名称和编号、名称固定在明显的位置。

3）油、气、水管道、阀门和电气线排等应按规定有明显的颜色标识。

4）旋转机械应标示出旋转方向，辅机管道应标示出介质流动方向。

5）需要显示液位的应有指示线。

（2）电气设备外壳应可靠接地。

（3）长期停用和大修后的机组投入正式作业前应进行试运行。

（4）机电设备操作应按规定的操作程序进行。

（5）机电设备启动、运行过程中应监视设备的温度、声音及震动和其他异常。

（6）设备运行参数应每1～2h记录一次。

（7）对运行设备、备用设备应按规定内容和要求定期巡视检查，遇有下列情况，应增加巡视次数。

1）恶劣气候。

2）设备过负荷或负荷有显著变化。

3）设备缺陷有恶化的趋势。

4）新的、经过检修或改造的、长期停用的设备重新投入运行。

5）运行设备有异常迹象。

6）有运行设备发生事故跳闸。

（8）机电设备运行过程中发生故障，应查明原因并进行处理。当发生可能危及人身安全或损坏设备事故时，应立即停止运行并报告。

（9）机电设备的操作、故障及处理等情况应作记录。

（10）电气设备、仪表、压力容器、起重设备等应按规定定期检验、试验，并按规定进行试验或检验，试验不合格的不得投入运行。

（11）采用计算机监控系统的泵站应根据具体情况，制定计算机监控系统运行管理制度。

9.2.2　维护检修管理

工程设施营运部门应根据设备的运行情况、技术状态以及相关技术要求编报年度维护与检修计划。对运行中发现的设备缺陷应分析原因并进行处理。

（1）设备检修应做好质量控制及验收工作，具体包括下列内容：

1）设备的缺陷描述、主要的工艺流程、更换的配件情况、维修维护的部件及部位。

2）应严格按SL 255—2000标准、澳门特别行政区政府相关法律及法规制定的检修规程及质量标准进行检修。

3）检修记录、试验报告、质检验收报告、试运行报告和大修报告。

（2）检修设备需要试运行，应按规定初步验收合格后进行。

（3）设备检修记录、试验报告、试运行报告和技术总结等技术资料应整理存盘。

9.3　安全管理与信息管理

9.3.1　安全管理

工程设施营运部门应建立安全管理机制，工程设施营运部门应根据本工程的特点制定以下安全管理和环境保护制度：

（1）安全管理制度。

（2）运行值班制度。

（3）事故危机处理制度及应变措施。

（4）信息管理制度。

（5）安全保卫制度。

（6）安全防护制度。

（7）安全技术教育与考核制度。

（8）环境保护与卫生管理制度。

工程运行、检修中应根据现场实际情况采取防触电、防高空坠落、防机械伤害和防起重伤害等措施：

（1）应定期检查消防设施，保持消防设施处于完好、有效状态。

（2）工程管理范围内应设置安全警示标志和必要的防护措施。

（3）人员工作区域内起码备有RSSPTS第80条规定所指适用的医疗宣传广告、急救指引及急救箱。

9.3.2　信息管理

信息管理应包括对计算机监控系统及视频监视系统的采集、储存、处理和应用，应符合下列要求：

（1）信息采集及时、准确。

（2）信息储存安全并定期备份。

（3）信息处理定期进行。

（4）信息应用于工程安全、经济运行。

（5）提高泵站管理效率。

第10章 整体安装验收标准及要求

10.1 一般要求

10.1.1 高低压部分

整体验收包括有下述的高压部分及低压部分：

（1）高压部分：主要包括高压电动机及辅助设备、配电设备（高压配电柜、继电保护及辅助用直流电源）、MV－VSD变速推动器柜、高压线路电缆。

（2）低压部分：所有400V或以下的用电设备。

承建商针对高低压部分的要求应根据SL 317标准、参考香港特别行政区政府建筑处辖下部门，并按照澳门特别行政区政府相关法律及法规制定，提供设计方认可的、符合本工程要求的、具备专业知识及资格的、具有同类水利工程及相应规模领导/监督/施工经验的技术人员或认证团体进行下列的整体验收测试，由此衍生的必需费用应独立计入投标价金之中，内容包括：

（1）验证本设计高压部分定下的验收标准。

（2）按照所述标准要求、范围及内容编制一份设计方认同的检验列表、人员组织和器材投入预计及时间表的验收计划书。

（3）向技术监督部门发出“泵站高压设施具备交接使用条件”的满意证明书。

未满足整体验收测试的话，承建商应按照验证结果及设计方的意见整改工程装置，然后再次执行验证，直至完全满足设计要求。

10.1.2　工厂试验

制造商必须全部在工厂内组装、配线、调整好设备，并且对在适用标准下制定的确保符合规格及图则的器材及工艺进行检验和常规试验。器材运抵之前，必须向技术监督部门或有关部门呈交批准的试验报告证明书。

若拟供应的设备在试验中不合格，或者被技术监督部门和当地供电部门拒收，则所有设备成本，包括拆下、重新安装及关联的费用，应由制造商支付。

10.2　装置验收

10.2.1　高压装置

（1）一般规定。泵站主要高压电气设备交接试验，应按GB 50150—2016的有关规定执行。高压装置试验及验收应按本设计原来设定的相关标准执行，当相关标准无规定时，按设计和制造商的要求执行。

（2）高压电动机。高压电动机的验收，除应符合SL 317—2015关于立式机组安装及验收的规定外，还应按GB 50170—2018的有关规定执行。高压电动机交接试验项目及要求，应符合第4.3章节要求。

（3）高压配电装置及辅助设备。

1）高压电器的验收应按GB 50147—2010的有关规定执行。

2）高压电器交接试验项目及要求应按GB 50150—2016的有关规定执行。

3）若有的话，油浸电抗器、互感器的安装及验收，应按GB 50148—2010的有关规定执行。

4）高压开关柜等及其二次回路接线的验收，应按GB 50171—2012的有关规定执行。

5）直流系统及设备的试验及验收，应按GB 50255—2014的有关规定执行；直流系统的蓄电池安装、试验及验收还应按GB 50172—2012的

有关规定执行。

6）保护装置的试验及验收，应按GB 14285—2016的有关规定执行；微机继电保护装置的试验及验收，在二次回路中所用的继电器、输电线路保护装置、主设备保护装置以及自动化装置和由这些继电器及装置所组成的屏、台、柜通用的基本试验方法应按GB/T 7261—2016的有关规定执行。

7）电能计量装置的试验及验收，应满足设计和制造商的要求。

（4）高压变频柜。

1）MV－VSD的试验及验收应按GB/T 12668.3—2012的有关规定执行，当GB/T 12668.3—2012无规定时，应按设计方的意见及设备制造商的要求执行。

2）MV－VSD交接试验及验收项目及要求，应符合第5.4.4章节的要求。

（5）高压线路电缆。

1）高压线路电缆安装与验收应符合第5.6章节的要求。

2）电力电缆线路及附属设备和构造物设施的安装及验收，应按GB 50168—2018的有关规定执行。

3）电力电缆线路及附属设备交接试验、验收要求，应符合第5.6.6章节的要求。

10.2.2　低压用电装置

（1）总则。每个低压用电装置在安装期间或完工后用户使用前，应作目视检验及试验，以尽可能检验是否符合本设计原设定的要求，同时应把电路图等数据提供给检验人员。在检查和试验期间应采取预防措施，以避免对人身的危害和对财产及所安装设备的损坏。

检验应由承建商指派的IEV 50—826.09.01所定义的合格的熟练人员（BA5）来进行，检验结束后应提交检验报告予设计方及技术监督部门。

（2）规范性引用文件。

1）《电流通过人体的效应　第2部分：特殊情况》（IEC 60479—2：1987）。

2)《建筑物电气装置　第5部分：电气设备的选择和安装第54章：接地配置和保护导体》(idt及1982年第1次修订)(IEC 60364—5—54：1980)。

3)《建筑物电气装置　第1部分：基本原则，一般性能评估、定义》(IEC 60364—1：2001)。

4)《建筑物电气装置　第4-41部分：安全防护 电击防护》(IEC 60364—4—41：2001)。

5)《建筑物电气装置　第4-42部分：安全防护 防热效应防护》(IEC 60364—4—42：2001)。

6)《建筑物电气装置　第4-43部分：安全防护 防止过电流保护》(IEC 60364—4—43：2001)。

7)《建筑物电气装置　第4-44部分：安全防护 防止过电压故障》(IEC 60364—4—44：2001)。

8)《建筑物电气装置　第5-51部分：电器设备的选择和安装 通用规则》(IEC 60364—5—51：2001)。

9)《建筑物电气装置　第5-52部分：电器设备的选择和安装 布线系统》(IEC 60364—5—52：2001)。

10)《建筑物电气装置 第5-53部分：电器设备的选择和安装 隔离、开关和控制》(IEC 60364—5—53：2001)。

11)《电流通过人体的效应　第1部分：常用部分》(IEC 60479—1：1994)。

(3)目视检验。目视检验应在测试前，通常在整个装置不带电的情况下进行。进行目视检验应确认固定布线的电气设备是否符合以下条件。

1)符合有关设备标准的安全要求(此点可通过检查设备的标志或合格证来确定)。

2)无可见的足以危害安全的破损。

目视检验应根据相应情况至少检查下列诸项：

1)电击防护措施，包括距离测量，涉及例如用遮栏或外护物的保护、用阻挡物的保护或置于伸臂范围以外的保护(按照IEC 60364—4—41 第

410.3、412.2、412.3、412.4及413.3条的规定）。

2）具有防火遮拦和其他防止火灾蔓延的预防措施以及对热效应保护（按照IEC 60364—4—42、IEC 60364—4—43及IEC 60364—5—52 第527条的规定）。

3）按载流量和电压降进行的导体选择（按照IEC 60364—5—52 第523条的规定）。

4）保护和监控器件的选择和整定（按照IEC 60364—5—53条的规定）。

5）位置正确且适用的隔离和开关器件（按照IEC 60364—5—53条的规定）。

6）适用于外界影响的设备和保护措施的选择（按照IEC 60364—5—51第512.2、IEC 60364—4—42的第422及IEC 60364—5—52的第522条的规定）。

7）中性线导体和保护导体的识别（按照IEC 60364—5—51 第514.3条的规定。

8）具有图解、警示牌或其他类似标志的设置（按照IEC 60364—5—51第514.5条的规定）。

9）电路回路、熔断器、开关器、端子等的识别（按照IEC 60364—5—51 第514条的规定）。

10）导线的适当连接（按照IEC 60364—5—52 第526条的规定）。

11）便于操作、识别和维修的可接近性。

（4）测试。

测试总则内容包括：

1）保护导体和总等电位联结、辅助等电位联结的连续性（按照IEC 60364—6—612.2条的规定）。

2）电气装置的绝缘电阻值（按照IEC 60364—6—612.3条的规定）。

3）使用电路隔离的保护（按照IEC 60364—6—612.4条的规定）。

4）地板和墙的电阻值（按照IEC 60364—6—612.5条的规定）。

5）供电的自动切断（按照IEC 60364—6—612.6条的规定）。

6）极性测试（按照IEC 60364—6—612.7条的规定）。

7）电气强度的试验（按照IEC 60364—6—612.8条的规定）。

8）功能测试（按照IEC 60364—6—612.9条的规定）。

如果测试的任何一项是不合格的话，则此次测试及以前的任何与此测试显示缺陷有关的测试，应在消除缺陷之后重新进行测试。

总等电位联结、辅助等电位联结在内的保护导体应进行连续性测试，建议采用直流或交流空载电压4 ～ 24V，最小电流为0.2A的电源测试。

对于电气装置的绝缘电阻值，应测量以下各处的绝缘电阻值：

1）两个带电导体之间，依次进行，每次测两条。

备注：这种测量实际上应在安装期间接上用电器具之前进行。

2）每一带电导体和大地之间。

备注：在测量期间，相线导体和中性线导体可连在一起。

在断开用电器具时，以表10.1所列的测试电压测得的，每一条电路的绝缘电阻值不应低于表10.1所列的相应值就可以认为是满足要求的。

测量应采用直流电，测试仪器应能在负荷为1mA时提供表10.1所列的测试电压。

当电路内有电子器件时，应只可对连接在一起的相线导体和中性线导体对大地之间进行测量，具体测量方法见表10.1。

表10.1　　　　　　　　测　量　方　法

起码绝缘电阻值及施加电压		
电路所通的标称电压	试验施加的直流电压/V	电路的绝缘电阻值/MΩ
TRS（IEC 60364—4—411.1.4）电源及 TRP（IEC 60364—4—411.1.5）电源	250	≥0.25
500V及以下，但上述情况除外	500	≥0.5
500V以上	1000	≥1.0

（5）采用自动切断供电保护条件的检验。

TN接地方案中，采用自动切断供电作为间接接触防护措施的有效性，应对其进行是否满足了IEC 60364—4—41第413.1.3条给出规定的

如下检验：

1）测量符合IEC 60364—6第612.6.3条规定的故障电路阻抗。

2）相关保护器件特性的检验（即对断路器制定电流整定值和熔断器的电流额定值进行目视检验，并进行剩余电流动作保护器试验）。

接地极电阻值的测量应按照IEC 60364—4第413.1.3.2条规定使用适当的方法测量TN方案接地电极的电阻值。

故障环路阻抗的测量应在与电路标称频率相同的电流下进行。故障环路阻抗测量在TN系统下应满足IEC 60364—4第413.1.3.3条规定；当故障环路阻抗有可能受到故障电流显著影响时，可考虑用这样的电流在制造厂或实验室里进行测量所得的结果。这种做法特别适用于工厂制造的成套设备，包括线槽系统金属导管以及带金属外护物的电缆。

若采用了IEC 60364—4第413.1.6规定的辅助等电位联结，这种联结的有效性应通过IEC 60364—4的方法进行检查。

在中性线导体上禁止安装单极开关器件的地方，应进行极性测试，以核实所有这类器件只接于相线导体上。

组合件（诸如开关柜和控制柜、传动装置、控制设备及连锁装置）应进行功能测试，以证明它们是按此标准的相应要求正确固定、调整和安装的。如果需要，保护器件应进行功能测试，以检查它是否正确安装和调整。

参 考 文 献

[1] 任元会. 工业与民用配电设计手册[M]. 北京：中国电力出版社，2005.

[2] 王厚余. 低压电气装置的设计安装和检验[M]. 北京：中国电力出版社，2007.

[3] 徐甫荣. 高压变频调速技术工程实践[M]. 北京：中国电力出版社，2012.

[4] 法国施耐德电气有限公司. 电气装置应用（设计）指南[M]. 北京：中国电力出版社，2011.

[5] 泵站计算机监控与信息系统技术导则（SL 583—2012）[S]. 北京：中国水利水电出版社，2012.

[6] 水利水电工程导体和电器选择设计规范（SL 561—2012）[S]. 北京：中国水利水电出版社，2012.

[7] 泵站设计规范（GB 50265—2010）[S]. 北京：中国计划出版社，2011.